Stephan Hintze

Förderung der Kompetenz Raumanalyse und Raumerschließung mit der online Software StepMap

GRIN Verlag

Bibliografische Information der Deutschen Nationalbibliothek:

Die Deutsche Bibliothek verzeichnet diese Publikation in der Deutschen Nationalbibliografie; detaillierte bibliografische Daten sind im Internet über http://dnb.d-nb.de/ abrufbar.

Impressum:

Druck und Bindung: Books on Demand GmbH, Norderstedt Germany
ISBN: 978-3-656-45284-3

Dieses Buch bei GRIN:

http://www.grin.com/de/e-book/229411/foerderung-der-kompetenz-raumanalyse-und-raumerschliessung-mit-der-online

Schriftliche Prüfungsarbeit zur Zweiten Staatsprüfung für das

Amt des Studienrates

Förderung der Kompetenz Raumanalyse und Raumerschließung mit der online Software *StepMap* im Rahmen des Themenfeldes *Afrika, südlich der Sahara – ein Raum großer Herausforderungen* – ein Unterrichtsvorhaben im Fach Geografie in einer achten Klasse der Goethe- Oberschule (Gymnasium)

vorgelegt von Stephan Hintze

Berlin, den 15.10.2012

Inhaltsverzeichnis **Seite**

1 Einleitung

Sinn und Zweck einer Raumanalyse und Raumerschließung[1] ist die Fähigkeit, Räume in ihren Merkmalen zu beschreiben, die Vielfalt von Wechselwirkungen zwischen Geofaktoren zu erkennen und diese verbal, grafisch und bildhaft darzustellen[2].

Der alltägliche Geografieunterricht bietet eine Vielzahl von Möglichkeiten zur Erforschung unbekannter räumlicher Einheiten. Im Regelfall arbeiten die Schüler[3] sitzend, mit dem Atlas und dem Lehrbuch, den Charakter und die Zusammenhänge des zu betrachtenden Raumes heraus. In ihrer vollen Tiefe können sie diese in einer Unterrichtsstunde jedoch in keiner Weise erfassen. Dass eine umfassende und aussagekräftige Raumanalyse in einer fünfundvierzigminütigen Stunde nicht realisierbar ist, versteht sich an dieser Stelle von selbst.

Der Geografieunterricht kann und sollte aber Medien und Materialien nutzen als den Atlas und das Lehrbuch. Aus mehreren Studien geht hervor, dass die Schüler andere als die oben benannten Arbeitsweisen nutzen wollen. Als Beispiel sei hier eine empirische Studie von Yvonne Schleicher benannt, aus der hervor geht, dass besonders die Mädchen die oben genannten Arbeiten wenig schätzen und Erlebnisberichte bevorzugen. Arbeitsweisen und Medien, die eine reale Begegnung ermöglichen, einen konkret-ikonischen oder potentiellen Handlungscharakter aufweisen, interessieren Schüler besonders.[4]

Kaum ein anderes Fach ist näher an der Lebenswelt der Schüler. Es beginnt praktisch „vor der Tür". Kaum ein anderes Fach bietet stärker dokumentierte Inhalte. Geografie ist in allen Medien gegenwärtig. Räume können durch Exkursionen in der Realität begangen und erforscht werden. Mit den Bild- und Printmedien werden zusätzliche Informationsquellen eröffnet.

Dank moderner Medien, besteht heute nicht mehr die Schwierigkeit, Informationen zu beschaffen, sondern diese nach Notwendigkeit zu systematisieren, zu analysieren und zu präsentieren.

Der Prozess zur Entwicklung einer umfassenden Raumanalysekompetenz ist daher ein sehr langer Weg, der im Kleinen beginnt und erwachsen muss.

Die geplante Reihe hat sich zum Ziel gesetzt, die Schüler in diesem Entwicklungsprozess einige Schritte zu begleiten und einen kleinen Beitrag zur Entwicklung der Raumanalysekompetenz zu leisten.

---

[1] Da Raumanalyse und Raumerschließung im Rahmenlehrplan für die Sekundarstufe I Geografie in Berlin gleichgesetzt werden, soll im Folgenden die Kompetenz nur als Raumanalyse benannt werden, um die Lesbarkeit zu erleichtern.

[2] Vgl. **Senatsverwaltung für Bildung, Jugend und Sport Berlin:** Rahmenlehrplan für die Sekundarstufe I Geografie. 2006. S. 11

[3] Um den Lesefluss nicht zu beeinträchtigen werden Personen und Funktionsbezeichnungen nur in der männlichen Form verwendet, gelten aber ebenso in der weiblichen Form.

[4] Vgl. Y. Schleicher: **„Nutzen Schüler geographische Websites? Eine empirische Studie"** Selbstverlag des Hochschulbandes für Geographie und ihre Didaktik e.V. (HGD) 2002. S. 32

1.1 Begründung des Darstellungsschwerpunktes

Zu einer gelungen Raumanalyse gehört abschließend auch eine angemessene Darstellungsvariante. Die Herstellung eines Plakates bietet sich in diesem Fall an, da sie die qualitativ hochwertige und gezielte Strukturierung der gesammelten Informationen in der eigentlichen Raumanalyse verlangt um aussagekräftig und trotzdem übersichtlich zu bleiben.

Die Darstellung in der Form eines Plakates soll die Kompetenzentwicklung der Schüler stärken, anthropogene und natürliche Prozesse zu erkennen, zu verstehen und zu erläutern. Die Vielzahl der hierbei vorhandenen möglichen kausalen Beziehungen können in der gewählten Darstellungsform durch die Schüler begründet aufgezeigt werden.[5]

Den Mittelpunkt des Plakates soll die entsprechend erstellte Karte[6] der Gruppe bilden. Aus Ihr geht eine fiktive Reiseroute zu den Orten des Landes hervor, die einen direkten Problembezug oder eine mögliche Perspektive zur Problemlösung eröffnen.

In der Beobachtung und Analyse der Reihe wird es interessant sein, inwieweit es den Gruppen mit Hilfe der Plakate und der erstellten Karten gelingt, „räumliche Strukturen und komplexe Wirkungszusammenhänge verbal, grafisch und bildhaft darzustellen."[7]

Die besondere Stellung der Raumanalyse im Rahmen der wissenschaftlichen Methoden und Arbeitsweisen im Fach Geografie liegt darin begründet, dass die Raumanalyse auf die Erfassung der Individualität des Raumes zielt, während der allgemein-geografisch-thematische orientierte Erdkundeunterricht vor allem übertragbare Kenntnisse vermittelt und sich deshalb auf Themen konzentriert, die stellvertretend für viele andere stehen.[8]

1.2 Leitfragen

Nach eingehender Analyse des Arbeitsthemas lassen sich für mich folgende Leitfragen ableiten:

- Werden die Schüler befähigt, räumliche Strukturen und komplexe Wirkungsgefüge zu erfassen, zu strukturieren und mit der Hilfe einer online Software *StepMap* verbal, grafisch und bildhaft darzustellen?
- Fördert die Darstellungsform eines Plakates mit eingebundener Übersichtskarte, erstellt über *StepMap*, die Raumanalyse- und Raumerschließungskompetenz der Schüler?

Die Beantwortung dieser Leitfragen bildet ein Ziel der vorliegenden Arbeit.

---

[5] Vgl. **Senatsverwaltung für Bildung, Jugend und Sport Berlin:** Rahmenlehrplan Geografie der gymnasialen Oberstufe. 2006. S. 18

[6] Hierzu wird das Onlineprogramm *StepMap* als Erstellungssoftware genutzt.

[7] Vgl. **Senatsverwaltung für Bildung, Jugend und Sport Berlin:** Rahmenlehrplan für die Sekundarstufe I Geografie. 2006. S. 11

[8] Vgl. **Terra Deutschland.** Themenband Demographische und städtische Strukturen. Klettverlag 2008. S. 24

2 Unterrichtsvoraussetzungen

2.1 Allgemeine Unterrichtsvoraussetzungen

Die Klasse 8b wird seit Beginn dieses Schuljahres 2011/12 von mir selbstständig mit einer Wochenstunde in dem Fach Erdkunde unterrichtet. Sie besteht aus 33 Schülern, darunter 19 Mädchen und 14 Jungen, alle im Alter von etwa 14 Jahren.
Bei Übernahme der Klasse hegte ich meine Zweifel, ob ich einer achten Klasse freitags in der 8. Stunde mit dem Fach Erdkunde gewachsen sei. Diese Zweifel zerstreuten sich sehr frühzeitig. Ich lernte die Gruppe als harmonisch, motiviert und interessiert an dem Fach Erdkunde kennen.
Im Laufe des Schuljahres wurde der Unterricht dann auf den Montag in die sechste Stunde verlegt. Seit diesem Zeitpunkt kommt es immer wieder zu kleineren Disziplinschwierigkeiten, insbesondere bei den Jungen, da diese voller Elan und Tatendrang aus dem Wochenende kommen. Diese Energie machen wir uns regelmäßig durch produktive Arbeit zu nutze.
Da die Motivation selten ein Problem darstellte, konnte in einer Vielzahl von Stunden auf das selbstständige Arbeiten in Gruppen zurückgegriffen werden. Hierbei wurde auch immer wieder der im Klassenraum zur Verfügung stehende Computer mit angeschlossenem Smart-Board als Informations- und Präsentationsmedium genutzt.
Im Gesamteindruck kann man feststellen, dass die Schüler sich gegenüber allen Lehrpersonen sehr wohlwollend und kooperativ verhalten. Die Zusammenarbeit der Schüler mit mir als Lehrerperson empfinden beide Seiten als sehr angenehm und produktiv. So kam es nicht selten vor, dass der eine oder andere Schüler schon mal nach der achten Stunde am Freitag das Gespräch mit mir suchte, um den Stundeninhalt noch kurz aus eigener Perspektive mit mir zu vertiefen.
Die Klasse ist mit wenigen Ausnahmen als leistungsstark in Bezug auf das Fach Erdkunde einzuschätzen. Die kleine Gruppe der leistungsschwächeren Schüler bedarf immer wieder sehr präziser Arbeitsaufträge und Zielformulierungen, um nicht in die Oberflächlichkeit in der Bearbeitung der Aufgaben abzugleiten. Bis auf einen Schüler dieser Gruppe mit diagnostizierter Leserechtschreibschwäche, handelt es sich nicht um Einschränkungen im kognitiven Bereich, sondern mehr um kleinere Motivationsprobleme hinsichtlich der allgemeinen Lerneinstellung und Arbeitshaltung. Wobei aber auch bemerkt werden muss, dass sich die genannten Probleme in anderen Fächern weitaus stärker beobachten lassen. Besondere Sozialstrukturen wie Außenseiter- oder Gruppenbildungen kann ich nicht beobachten.
Der Klassenraum ist als Lernort sehr angenehm gestaltet. Er verfügt über eine Wandtafel und über ein SmartBoard.

2.2 Spezielle Unterrichtsvoraussetzungen

Mit dem Verlauf des Schuljahres 2011/12 stellte ich fest, dass die Lerngruppe sehr motiviert in verschieden Formen des selbstständigen Arbeitens tätig ist. Nachdem wir uns das interessante aber auch manchmal schwer erschließbare Themenfeld „Naher und

mittlerer Osten – ein Raum voller Spannungen" erschlossen haben, soll in der folgenden Reihe noch stärker die Schüleraktivität in den Mittelpunkt gerückt werden. Die Schüler traten über das Jahr immer wieder mit dem Wunsch an mich heran, dass wir den Computer und das Smart-Board in unserem Raum stark in den Unterricht mit einbeziehen. Der Computer stand der Klasse in nahezu jeder Stunde als Informationsquelle zur Verfügung und wurde auch rege genutzt. Durch intensive Beobachtungen während dieser Nutzung konnte ich feststellen, dass mit diesem Medium gezielte Recherchen für die verschiedensten geografischen Sachverhalte mit Hilfe von Sachtexten, Bildern, Diagrammen und statistischen Quellen betrieben wurden.
Um den Schülern den Wunsch nach computergestützter Unterrichtsarbeit zu erfüllen und somit einen wesentlichen motivationalen Anreiz für das auslaufende Schuljahr zu schaffen, habe ich mich für diese Form der Reihendurchführung[9] entschieden. Die Gruppenzusammensetzung wurde so gewählt, dass sich in jeder Gruppe mindestens ein Junge wiederfindet. Diese wiesen im Verlauf des Schuljahres ein sehr hohes technisches Verständnis auf und könnten somit die Computerarbeit, speziell mit der Software *StepMap* hervorragend leiten. Ansonsten wurde in der Gruppeneinteilung darauf geachtet, dass die Gruppen einen möglichst heterogenen Charakter hinsichtlich der kognitiven Fähigkeiten aufweisen, damit schwächere Schüler von den stärkeren partizipieren können.
Die angestrebte Form der Reihe stellt die Möglichkeit dar, schüleraktivierend mit verschiedenen Methoden in kurzer Zeit einen Einblick in den Raum *„Afrika, südlich der Sahara – ein Raum großer Herausforderungen"* zu gewähren.

3 Sachanalyse

3.1 Die online Software *StepMap*

Seit 2009 steht dem Internetnutzer die weitgehend kostenfreie online Software *StepMap* zur Verfügung. Mit ihr können Nutzer interaktive Landkarten in verschiedener Aufmachung von beliebigen Räumen selbst erstellen und auf Arbeitsblättern, Webseiten usw. verwenden. *StepMap* richtet sich insbesondere auch an Schüler und Lehrer. Sie ist hervorragend einsetzbar für den gesellschaftswissenschaftlichen Unterricht wie Geografie oder Geschichte. Sie bietet sich aber auch im Deutsch- bzw. Fremdsprachenunterricht an. Neben der Möglichkeit eigene Karten zu generieren, bietet die Software dem Nutzer kostenfrei auch fertige, themenbezogene Karten an. Für das Fach Geografie kann man unter anderem Karten zu den Themen Schwellenländer, Erdölproduzenten am Golf von Guinea, Edelsteinminen in Afrika und eine Vielzahl von stummen Karten verschiedenster Länder finden.

[9] Vgl. Abschnitt 4.3

3.2 Methodischer Schwerpunkt

3.2.1 Darstellungsmöglichkeiten online generierter Karten der Software *StepMap*

StepMap bietet dem Schüler eine starke Detailtiefe mit vielzähligen standortbestimmenden Korrekturmöglichkeiten. Thematische wie aber auch topographische Karten können in einfacher Form generiert werden. Die Darstellung beginnt auf Weltkartenebene und kann ganz individuell bis auf kleinste Räume angepasst werden. Es kann zwischen verschiedenen Kartenstilen ausgewählt, die nachgehend bei Bedarf in diversen Farbvarianten und mit verschiedensten Hintergrundbildern dargestellt werden können. In verschieden Schritten (in der Software „Step" genannt) werden unterschiedlichste Darstellungsoptionen angeboten. Im Karteneditor können dann Farben, Orte, Linien, Symbole und Beschriftungen platziert werden. In einem weiteren Step können Informationen und differenzierte Medientypen wie etwa Fotos, Texte, PDF-Dokumente oder aber auch Videos hinzugefügt werden. Diese Funktion erweist sich besonders im Einsatz von *StepMap* in Verbindung mit einem SmartBoard als interessante Option.
Für die Arbeit mit Schülern ist *StepMap* auch deshalb geeignet, da sich die Bedienung als intuitiv und einfach bezeichnen lässt.

3.2.2 Arbeitsschritte beim Erstellen einer Karte mit Hilfe der online Software *StepMap*

Die Grundlage zum Erstellen einer Karte bildet erst einmal das Bewusstsein darüber, was in dieser Karte dargestellt werden soll. Das bedeutet, dass eine intensive Vorbereitung im Sinne von Informationsbeschaffung und –strukturierung notwendig ist, um eine Aussagekraft der Karte erreichen zu können. Auf diese Vorbereitenden Arbeiten im Sinne der Raumanalyse wird im Abschnitt 3.2.3 vertiefend eingegangen.

Eine topographische Karte bildet auch in der Erstellung einer thematischen Karte mit Hilfe der Onlinesoftware *StepMap* die Grundlage (Vgl. 3.2.4). Über ein vier Schritte-System (Step1 bis Step4) werden die Karten erstellt. Der aktuelle Schritt ("Step" genannt) ist auf der Benutzeroberfläche orange markiert.
Das rechte Menü des Karteneditors beinhaltet den jeweilige Erstellungs- bzw. Editierbereich. Im Folgenden sollen kurz die Funktionen der einzelnen Bearbeitungsschritte, Step1 bis Step4 beschrieben werden.

Im Step1 wird die Karte ausgewählt.

Es wird das Gebiet gewählt, welches für die Erstellung der Karte am besten geeignet ist. Dabei kann es sich um einen Kontinent, ein Land oder eine Region handeln. Es können vordefinierte Karten, ein freier Kartenausschnitt oder auch Stadtkarten gewählt werden. Der Menüpunkt "Weitere Stiloptionen" ermöglicht eine weitere Verfeinerung des Kartenstils. Dies umfasst das ausgewählte Land, Nachbarländer, das umliegende Meer, Städte und Flüsse.

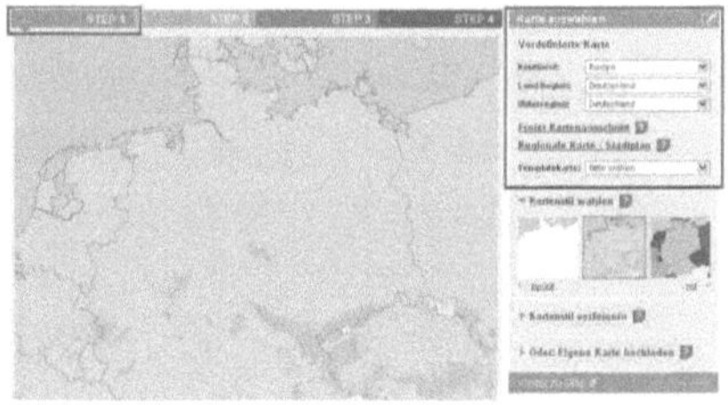

Abb.1 Kartenauswahl

Im Step2 können nun Punkte und sogenannte Icons gesetzt werden.

Es werden notwendige Punkte, Titel und Icons gesetzt. Punkte können beispielsweise Orte sein. Es ist auch möglich Punkte ohne Beschriftung zu setzen (Icons) oder auch Beschriftungen ohne Punktsymbole (z.B. eine Überschrift für die Karte) zu integrieren. Ebenso können Linien einfügt werden, die Punkte und Beschriftungen verbinden (z.B. eine Route von A nach B). Jeder eingefügte Punkt und jede Beschriftung ist beim Anklicken mit einem Menü für weitere Optionen hinterlegt.

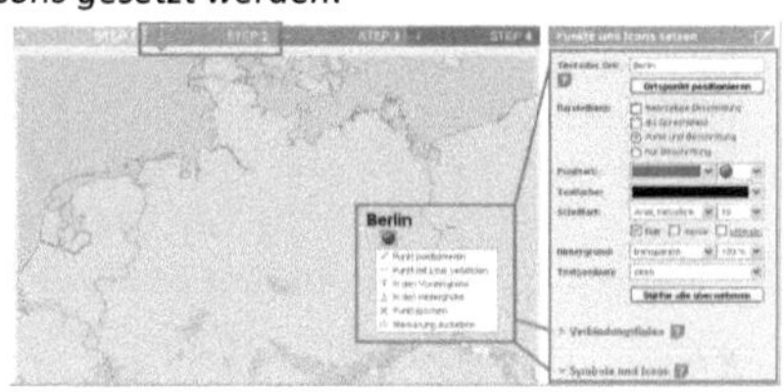

Abb. 2 Punktesetzung

Im Step3 können nun weitere Informationen und Medien hinzugefügt werden.

Es werden notwendige Punkte, Titel und Icons gesetzt. Punkte können beispielsweise Orte sein. Es ist auch möglich Punkte ohne Beschriftung zu setzen (Icons) oder auch Beschriftungen ohne Punktsymbole (z.B. eine Überschrift für die Karte) zu integrieren. Ebenso können Linien einfügt werden, die Punkte und Beschriftungen verbinden (z.B. eine Route von A nach B). Jeder eingefügte Punkt und jede Beschriftung ist beim anklicken mit einem Menü für weitere Optionen hinterlegt.

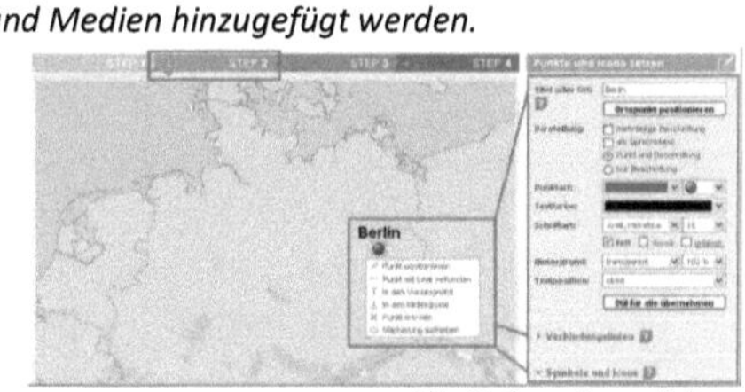

Abb. 3 Infromationsverlinkung

Im Step4 kann dann die generierte Karte gespeichert werden

Im letzten Schritt kann der Karte ein Titel, ein Beschreibungstext und Stichworte (sogenannte Tags) geben werden. Nach der Speicherung der Karte ist sie in der Detailansicht verfügbar. Alle persönlich erstellten Karten sind unter dem Link "Meine Karten" im rechten, oberen Bereich des StepMap Headers hinterlegt.

Abb. 4 Speicherung

3.2.3 Arbeitsschritte beim Durchführen einer Raumanalyse

Eine Raumanalyse lässt sich in ein sechsstufiges Modell einteilen:

6.Stufe	*Darstellung und Reflexion der Arbeitsergebnisse*
5.Stufe	*Synthese der Arbeitsergebnisse*
4.Stufe	*Analyse der Geofaktoren*
3.Stufe	*Wahl der Arbeitsmittel und Methoden*
2.Stufe	*Bestimmung der Untersuchungsproblematik*
1.Stufe	*Wahl und Abgrenzung des Raumes*

„In geografischen Räumen fügen sich viele Einzelaspekte, die Geofaktoren, zu einem Gesamtbild zusammen."[10] Im Sinne von Schule bietet sich eine themengeleitet Raumanalyse an, da hierbei nicht alle Geofaktoren Berücksichtigung finden. Im anderen Fall würden wir von einer Totalanalyse des Raumes sprechen, die den zeitlichen und inhaltlichen Rahmen von Schule sprengen würde.
Ziel einer Raumanalyse ist es, die Verflechtungen der einzelnen Geofaktoren aufzuzeigen und somit den speziellen Charakter eines Raumes zu erschließen. Im Folgenden sollen nun die einzelnen sechs Stufen der Raumanalyse kurz betrachtet werden.

<u>1. Stufe: Wahl und Abgrenzung des Raumes</u>

Die auswählbaren Räume sind dem Themenkomplex *Afrika südlich, der Sahara – ein Raum großer Herausforderungen*[11] zugeordnet. Der zu analysierende Raum umfasst ein, von den Schülern selbst gewähltes Land, das sich dem Kontinent Afrika zuordnen lässt und sich südlich der Sahara befindet. Es gab keine Einschränkung welchen Entwicklungsstand das Land haben muss. Die Schüler sollten sich rein nach Gruppeninteresse entscheiden. Es gab lediglich die Vorgabe, dass keine Doppelungen der Länder vorliegen dürfen.

<u>2. Stufe: Bestimmen einer Untersuchungsproblematik</u>

Untersuchungsproblematik lässt sich ebenso aus dem Themenfeld 5 des Rahmenlehrplanes[12] ableiten. Aufgrund der enormen Komplexität eines geografischen Raumes erfordert die Fragestellung meist eine Reduzierung auf einen thematischen Raumausschnitt, um die Schüler in der einen Stunde pro Woche nicht maßlos zu überfordern.

[10] Vgl. **Fundamente.** Geografie Oberstufe. Ernst Klett Verlag. Stuttgart 2008. S.150f.
[11] Vgl. **Senatsverwaltung für Bildung, Jugend und Sport Berlin:** Rahmenlehrplan für die Sekundarstufe I Geografie. 2006. S. 23
[12] Vgl. **Senatsverwaltung für Bildung, Jugend und Sport Berlin:** Rahmenlehrplan für die Sekundarstufe I Geografie. 2006. S. 23

Um den Kern der Untersuchungsproblematik zu verdeutlichen, sei der wiederholende Verweis auf den Rahmenlehrplan gestattet. Die Schüler sollten auf Grund ihrer Untersuchungen den Entwicklungsstand des Landes darlegen und mögliche Perspektiven für Entwicklungsschritte begründet aufzeigen.

3. Stufe: Wahl der Arbeitsmittel und Methoden

Die geografischen Arbeitsmittel bestehen im Sinne der Geografie aus Karten, Atlanten, Schulbuch und natürlich dem Internet als Informationsquellen für die gewählten Länder. Die Schwierigkeit des Internets stellt sich in der enormen Datendichte. Die Schüler müssen Informationen sichten und deren Nutzen abwägen. Um hier helfend beizusteuern, werden leicht verständliche und informative Internetseiten[13] benannt.
Um die Vielschichtigkeit des Leitthemas zu brechen, arbeiten die Schüler in ihren Gruppen arbeitsteilig und fügen ihre individuell gesammelten Informationen in einer MindMap zusammen, um eine Struktur für die später zu erstellende Karte und das Plakat festzulegen.

4. Stufe: Analyse der Geofaktoren

In diesem Schritt findet die eigentliche Analyse der einzelnen Geofaktoren statt. Aus den verschiedenen Quellen (Vgl. 3. Stufe) werden die für die Analyse wichtigen und interessanten Kernaussagen gefiltert und systematisiert. Bei der folgenden Verknüpfung der gewählten Geofaktoren schließt sich eine Ausarbeitung der Wechselwirkungen an. Um eine wirkliche Vernetzung der einzelnen Faktoren herzustellen, müssen diese dafür im Sinne des Problemzusammenhangs betrachtet werden.

5. Stufe: Synthese der Analyseergebnisse

Aufgrund der Einzelanalysen kann nun die Raumstruktur des betrachten Landes beschrieben und nachvollziehbar erklärt werden. Die Synthese fasst das untersuchte Beziehungsgefüge der gewählten Geofaktoren zusammen und charakterisiert damit den Raum.

6. Stufe: Darstellung und Reflexion der Arbeitsergebnisse

Abschließend sollen die Ergebnisse der Untersuchungen in Form einer fiktiven Reiseroute zu Orten, die den Charakter des Landes (Problemsichten und Perspektiven) mittragen, gestaltet werden. Diese Route wird über die Software *StepMap* in eine thematische Karte des Landes integriert. Nach Fertigstellung der Karte wird diese wiederum in ein aussagekräftiges Plakat als zentraler Punkt eingegliedert.
Die Ergebnisse werden im Anschluss an die Präsentation in Form eines *„Gallery Walk"* hinsichtlich der Untersuchungsproblematik abgeglichen. Die genutzten Methoden und Quellen werden rückwirkend und kritisch überprüft.

---

[13] z.B. www.http://www.elefant-tours.de/laenderinformationen.htm#

Gegebenenfalls müssen inhaltliche Lücken geschlossen, Probleme der Raumanalyse besprochen und Folgen für spätere Analysen formuliert werden.

3.2.4 Kriterien einer thematischen Karte

Thematische Karten sind Karten, die bestimmte Merkmale oder Themen wie z.B. die Bevölkerungsdichte abbilden. Auch Zusammenhänge zwischen thematischen Ebenen lassen sich darstellen.
Im Gegensatz zu topografischen Karten, die vor allem der Orientierung im Gelände und der Ausmessung von Standorten bzw. geometrischen Details dienen, werden in thematischen Karten Objekte „zur Kenntnis ihrer selbst" dargestellt. Neben dem Sachbezug, sind der Zeitbezug und der Raumbezug die wesentlichen Eigenschaften einer thematischen Karte: der dargestellte Sachverhalt gilt für einen bestimmten Zeitpunkt oder Zeitraum und für einen bestimmten Ort oder statistische Raumbezugseinheit. Obwohl die Topografie selbst ein Thema bildet, nehmen topographische Karten eine Sonderstellung ein. Sie bilden die Basis für die meisten thematischen Karten.
Thematische Karten lassen sich nach verschiedenen Aspekten gruppieren:[14]

- nach dem Karteninhalt
- nach Maßstabsbereichen
- in Grund- und Folgekarten: Grundkarten entstehen durch die direkte kartografische Übertragung vorhandener Messungen oder Beobachtungen. Folgekarten präsentieren Daten, die bereits im Vorfeld bearbeitet wurden.
- nach der graphischen Darstellungsmethode. Für die kartografische Repräsentation lassen sich zahlreiche graphische Varianten einsetzen, die immer auf Thema, Zielaussage und Datenlage der Karte angepasst sein müssen. Insbesondere sind hier zu nennen: lokale Signaturen, Diagramme, Flächenmuster, Isolinien, Punktstreuungen, raumtreue Flächenmosaike (Kartogramme).
- nach dem Raumbezug des Themas. Bei Diskreta erstrecken sich Sachverhalte auf ein abgrenzbares Gebiet (z.B. Standorte von Unternehmen), Kontinua verändern sich im Raum (z.B. Luftdruck).
- Darstellung quantitativer oder qualitativer Inhalte
- Darstellung statischer oder dynamischer Inhalte, also Veranschaulichen des Zustands eines Sachverhalts zu einem festen Zeitpunkt oder dessen zeitlich-räumlicher Veränderung
- nach dem Verarbeitungsgrad der dargestellten Informationen (analytische, komplexe oder synthetische Karten)

[14] Vgl. G. Hake **Kartographie** 8. Auflage de Gruyter 2002. S.463f.

Folgende Darstellungsmittel finden Verwendung in der Erstellung thematischer Karten:[15]

- Positionssignaturen (bildhaft oder geometrisch)
- Liniensignaturen (variabel in Stärke, Farbe, Struktur)
- Flächensignaturen (Farbfläche, Flächenmuster, Schraffur)
- Proportionale Signaturen (variabel in Form und Farbe, skalierbar)
- Diagramme (verschiedene Diagrammformen finden Verwendung)
- Isolinien
- Punktstreuung
- Bewegungssignaturen
- Text
- Bildelemente

Durch die Bildung graphischer Ebenen können diese miteinander kombiniert werden. Punkthafte Elemente und Text stehen im Vordergrund, dahinter befindet sich die Ebene der Linienelemente. Flächenhaftes bildet den Hintergrund (Ausnahme bei Verwendung von Transparenzen).

3.3 Inhaltlicher Schwerpunkt

Der inhaltliche Schwerpunkt besteht in dem Entwicklungstand der Länder Afrikas, welche sich südlich der Sahara befinden. Es geht um die geschichtliche Entwicklung, dem gegenwärtigen Stand und verschiedene Zukunftsperspektiven. Die Länder Afrikas weisen eine zum Teil gravierende Rückständigkeit auf, welche häufig in der ehemals vorherrschenden Kolonialisierung der Länder Afrikas im Zusammenhang steht. Diese begann im 14. Jahrhundert durch die vermehrte Einflussnahme der „fortschrittlicheren" Europäer.

Um 1880 erhielt die Kolonialpolitik der europäischen Mächte eine neue Dimension. Nicht mehr Entdeckergeist oder Eroberungen zur Prestigesteigerung eines Herrschers, sondern die systematische Unterwerfung technologisch unterlegener Völker war nun die außenpolitische Devise. Die Gründe für den nun einsetzenden Wettlauf um die Inbesitznahme der noch nicht kolonisierten Teile der Welt sind äußerst vielschichtig. Zum Einen lag das Motiv in der Sicherung von Rohstoffquellen und Siedlungsraum für den eigenen Bevölkerungsüberschuss. Zum Anderen hatte die Industrialisierung einen bis dahin nicht gekannten Reichtum erzeugt und, den Gesetzen des modernen Kapitalismus folgend, ständig neu angelegt werden musste. Geld wurde im großen Umfang zu Kapital, das heißt, es musste immer neu investiert werden, um es zu mehren. Der Eisenbahnbau, zunächst in den Mutterländern, dann aber auch in den Kolonien und im Nahen Osten, war eine ideale Anlagemöglichkeit, um die sich die Industrienationen

[15] Vgl. G. Hake **Kartographie** 8. Auflage de Gruyter 2002. S.118f.

bemühten. Die Kapitaleigner und Industriellen verlangten von ihrer nationalen Regierung die Sicherung ihrer Interessen gegenüber den ausländischen Konkurrenten.[16]
Nach dem Ende des 2. Weltkrieges fand dann die schrittweise Entkolonialisierung der Länder statt. In den 50er und 60erJahren erlangten die meisten Länder ihre Souveränität, wenngleich die alten Kolonialmächte ihren Einfluss durchaus zu sichern wussten. Frankreich musste nach einem Krieg Algerien preisgeben, und Mosambik und Angola wurden erst nach dem Ende der Diktatur im April 1974 von Portugal unabhängig, das sich bis dahin durch den Einsatz Waffengewalt behauptet hatte.
Der Einfluss dieser Kolonialepoche reicht bis in die Gegenwart. Das ist exemplarisch am Beispiel Namibias nachweisbar. In diesem Land, ehemals deutsche Kolonie, findet man in vielen Bereichen noch deutsche Straßen- und Ortsbezeichnungen. Auch die Sprache des Afrikaans kann seine europäischen Wurzeln schwer verbergen. Es gehört zum westgermanischen Zweig der indogermanischen Sprachen und ist aus dem Neuniederländischen des 17. Jahrhunderts entstanden und verbreitet sich von Südafrika ausgehend nach Norden in mittlerweile sieben Länder.
Der Nachhall der Kolonialzeit bringt mit sich, dass viele der Länder einen geringen Entwicklungsstand aufweisen. Der teilweise gut ausgestattete Naturraum mit Bodenschätzen und Nutzpflanzen, wurde in der Regel ausgebeutet und dann zurückgelassen. Im Sinne der Kolonialherren war Bildung für die Menschen dieser Länder nicht notwendig. Die Bewohner des Landes sollten gewinnbringend arbeiten und anstandslos folgen. Bildung galt hier als Nachteil. Hierin ist auch die häufig sehr geringe Alphabetisierungsrate der Bevölkerung begründet. 40 Millionen Kinder wachsen ohne Schulausbildung heran.
Die Länder aus der Kolonialzeit weisen in gehäufter Form weitere Strukturschwächen im sozialen Bereich auf. In den meisten der 53 Staaten Afrikas herrscht bitterste Armut. Weltweit liegen 19 der 20 Länder mit der höchsten Kindersterblichkeit in Afrika, 30 Millionen Afrikaner sind mit Aids infiziert, Jahr für Jahr sterben dort zwei Millionen Menschen an Malaria und Tuberkulose. Wirtschaftlich gesehen sind diese Länder ebenso stark entwicklungsgehemmt. Südlich der Sahara lebt fast die Hälfte aller Einwohner von weniger als einem Dollar pro Tag. Aufgrund fehlender Infrastruktur bestehen wenige Möglichkeiten den wirtschaftlich wichtigen sekundären Sektor auch nur ansatzweise zu entwickeln. Durch mangelnde Bildung und somit fehlenden Fachkräften wird dieses Dilemma forciert. Alte Handelsströme versiegen, neue Wege lassen sich nicht erschließen. Viele ehemalige Kolonialstaaten suchen deshalb ihr Heil im Tourismus. Häufig sind hierbei die Geldgeber auch nicht inländischer Herkunft. Das bedeutet gleichzeitig, dass oft die erzielten Gewinne das Land auf kürzestem Wege wieder verlassen. Es fehlt an Nachhaltigkeit. Rund 500 Milliarden Dollar an Entwicklungshilfe flossen seit 1960 allein nach Afrika und dennoch bleibt Afrika das globale Armenhaus.[17]

---

[16] Vgl. www.schulelaupen.ch/Imperialismus/bild12.jpg&imgrefurl
[17] Vgl. www.focus.de/finanzen/news/entwicklungshilfe-milliarden-aus-mitleid_aid_260356.html

Fördergelder werden zweckentfremdet. Starke Korruption unterstützt nicht unbedingt den Fortschritt. Der Fokus der Entwicklungshilfen liegt noch zu sehr auf die Unterstützung von Prestigeobjekten gerichtet. Vielmehr muss die Unterstützung die Hilfe zur Selbsthilfe darstellen. Es muss an den Grundpfeilern wie Gesundheit und Bildung gearbeitet werden. Dem Land soll ja eine Entwicklungsperspektive gegeben werden. Dafür muss die Verantwortung für ihr Land immer noch den Menschen des Landes gehören und nicht den Geldgebern.

3.3.1 Abstimmung nach Rahmenlehrplan[18]

Der übergeordnete Themenbereich 5 des RLP[19]: „Afrika, südlich der Sahara – ein Raum großer Herausforderungen" bildet die Grundlage für die hier vorliegende Reihe.

Der Rahmenlehrplan verlangt im Sinne des Kompetenzerwerbes in der Doppeljahrgangstufe 7/8, dass die Schülerinnen und Schüler ihr Orientierungsraster für vorgegeben Räume verfeinern.

Grundlegende Arbeitstechniken sind verpflichtender Bestandteil der unterrichtlichen Arbeit in der Jahrgangsstufe und sollen mit zunehmendem Anspruchsniveau angewandt werden. Dazu zählt unter anderem die Kartenauswertung, das Beschreiben von Lagebeziehungen, das Erstellen und Auswerten von Diagrammen und Tabellen.

Die themengeleitete Analyse raumbezogener Geofaktoren und den daraus resultierenden Problemen aber auch die Perspektiven der Länder Afrikas, südlich der Sahara bilden den inhaltlichen Schwerpunkt der Unterrichtsreihe. Die Sicht auf die soziale, wirtschaftliche und politische Situation ausgewählter Staaten und deren mögliche Wege aus der Unterentwicklung gibt der RLP als eine wesentliche Perspektive verpflichtend vor.

Für eine Förderung der Raumanalysekompetenz bietet sich dieses Themenfeld hervorragend an. Die benannte Kompetenz ist eine von fünf im Rahmenlehrplan genannten geografischen Kompetenzbereichen. Sie soll den Schülern als Instrument dienen, räumliche Strukturen und ihre Vernetzungen, Wirkungsgefüge und Prozesse zu verstehen. Daraus resultierend sollen sie befähigt werden, natürliche und anthropogene induzierte räumliche Prozesse zu erläutern und im Nachgang kritisch zu reflektieren. Das ganze dient als großer Schritt zur „zentralen Fachkompetenz" der Geografie, dem sogenannten Raumbewusstsein.

Die Unterrichtsreihe leistet dazu ihren Beitrag, da die Schüler die Räume hinsichtlich ihrer Geofaktoren, deren Vernetzung und mögliche resultierende Probleme bzw. Perspektiven untersuchen. Sie wenden dabei vorhandene geografische Kenntnisse, Fähigkeiten und Fertigkeiten zur Analyse von Räumen an und vertiefen diese. Die Erschließung von Sachtexten im Internet, die Interpretation von Bildern und Karten forcieren diesen Lernprozess. Die Untersuchung der Länder hinsichtlich der Geofaktoren soll da-

[18] Im Folgenden mit RLP abgekürzt.

[19] Vgl. **Senatsverwaltung für Bildung, Jugend und Sport Berlin:** Rahmenlehrplan für die Sekundarstufe I Geografie. 2006. S. 17 und 23.

zu führen, dass die Schüler in die Lage versetzt werden, verschiedene Wirkungsmechanismen im sozialen, wirtschaftlichen und/ oder historischen Bezug zu verstehen, darzustellen und zu erklären.
Das darauf anschließende Erstellen der Karte mit der Onlinesoftware ***StepMap*** und dem späteren Einbinden in ein Plakat fordert die Schüler zu einer bewussten Strukturierung und Reduzierung ihrer gesammelten Informationen auf. Die Beschränkung auf das Wesentliche ohne den Verlust von Inhalten ist hier maßgebend. Damit wird der Verpflichtung des RLPs zur verbalen, grafischen und bildhaften Darstellung von räumlichen Strukturen und Wirkungszusammenhängen nachgegangen.
Die endgültige Präsentation der Gruppenplakate in der Form eines *„Gallery Walk"* rundet die Unterrichtsreihe im Hinblick auf den RLP ab. Die Erstellung der Produkte und deren Vorstellung werden durch die Schüler zu großen Teilen selbst organisiert und somit aktiv gesteuert. Dabei lässt sich schon fast von einer Reihe mit Projektcharakter sprechen.

4 Didaktische Analyse

4.1 Relevanz der Arbeitsaufgabe der Unterrichtsreihe

Inhaltlich: Die Arbeitsaufgabe der Unterrichtsreihe trägt dazu bei, dass die Schüler sich bewusst mit für sie unbekannten Räumen auseinandersetzen können. In diesem Fall handelt es sich um das sehr problemträchtige Gebiet[20] „Afrika, südlich der Sahara". Dieser Raum bildet einen Schwerpunkt in der Betrachtung von Entwicklungsländern. Die Gründe hierfür wurden im Abschnitt 3.3 der vorliegenden Arbeit vertiefend betrachtet. Das Themenfeld hat hierbei exemplarischen Charakter. Der soziale Aspekt der Reihe sollte aber auch nicht aus dem Blickfeld verschwinden. Afrikas Bevölkerung wächst. In unterentwickelten Ländern führt das unweigerlich zum Aufkeimen von Problemen. Die Schüler sollen ihre Sicht für die Probleme der Länder schärfen (Gegenwartsbezug), Interesse für die Entstehung der Probleme bilden und forschend in die Zukunft schauen, um vielschichtige Lösungsansätze zu formulieren (Zukunftsorientierung).

Methodisch: Die Schüler sollen sich mit Hilfe einer Raumanalyse einen Raum erschließen können. Dafür nutzen sie verschiedenste Medien. Aber auch das Medium Internet soll an dieser Stelle zum Tragen kommen. Informationen sind hier im Übermaße für die Schüler abrufbar. Die Selektion zwischen wesentlich und unwesentlich bildet hier die Herausforderung. Die Erstellung verschiedener Produkte begegnet den Schülern auch in der Arbeitsaufgabe. Zum Strukturieren von Informationen werden MindMaps erstellt. Es wird für jeden in der Zukunft wichtig sein, Arbeitsergebnisse in angemessener

[20] Vgl. Abschnitt 3.3 S.13f.

Form präsentieren zu können. Hier soll die Herstellung einer Gruppenkarte und eines Gruppenplakates förderlich sein.

Speziell die Erstellung der Karte mit Hilfe der online Software hat aber weiteren Alltagsbezug. Die Schüler werden befähigt, eine Route, z.B. für die Urlaubsreise, bewusst und begründet zu planen und in einer Karte grafisch und bildhaft aufzubereiten.

4.2 Didaktisch- methodische Reduktion

Eine totale Raumanalyse unter Einbeziehung sämtlicher Geofaktoren würde den zeitliche, wie auch den organisatorischen Rahmen von Schule sprengen. Deshalb ist eine deutliche Reduzierung des inhaltlichen und methodischen Schwerpunktes unumgänglich. Der Umfang und die Komplexität des gewählten Themas erfordert eine Eingrenzung durch eine leitendende Arbeitsaufgabe, um eine Tauglichkeit für schulische Zwecke zu gewähren.
Die themengeleitete Raumanalyse ist für schulische Zwecke zielführender. Hier entspricht die vorgestellte Unterrichtsreihe dem RLP durch die Reduzierung des Untersuchungsraumes auf Landesebene. Die einzelnen Länder, die durch die Gruppen analysiert werden, bilden einen exemplarischen Charakter des themenbezogenen Raumes „Afrika, südlich der Sahara". Unbedingt erwähnenswert ist aber nochmals, dass die Schüler die Untersuchungsländer nur nach dem Aspekt „südlich der Sahara" frei gewählt haben. Somit stehen sich Länder mit unterschiedlichem Entwicklungsniveau gegenüber. Analyseziel ist es, das gewählte Land hinsichtlich seiner Geofaktoren und der daraus resultierenden individuellen Raumnutzung zu begreifen, erklären und vorstellen zu können. Die Raumprobleme aber auch die möglichen Perspektiven zur Weiterentwicklung des Landes bilden hierbei den Schwerpunkt. Der Tourismus bildet häufig einen wichtigen Ansatz als Entwicklungsperspektive. Die so eingeschränkte Thematik bestimmt somit auch in großem Maße, welche Faktoren untersucht werden sollten. Die Reduzierung auf eine Auswahl wesentlicher Geofaktoren trägt dazu bei, dass dieses hochgradig komplexe Thema für die Schüler zu bewältigen bleibt und auch zum Ende als Plakat darstellbar wird.
Die Schüler analysieren ein ihnen unbekanntes Land mit Hilfe physiogeografischer Geofaktoren wie z.B. das Relief, vorhandene Gewässer, Rohstoffe, Klima, Vegetation und Fauna und die geistbestimmten Geofaktoren wie Menschheit und Gesellschaft. Die historische Entwicklung der Länder durch vorherrschende Kolonialisierung trug als ein entwicklungsbestimmender Faktor bei.
Für die Recherche nutzen die Schüler vielfältige Formen von Medien. Im Sinne der Förderung der Raumanalyse- und Raumerschließungskompetenz werden insbesondere der Atlas und das Internet mit verschiedensten Länderportalen Afrikas und Such- und Informationsdiensten genutzt. Das Internet mit seiner Vielzahl an Quellen bietet einen

enormen Fundus an Informationen[21]. Was sich auch als sehr informativ erweisen kann, sind im Internet veröffentliche Reiseberichte.

Einen wesentlichen Schritt zur tragfähigen Raumanalyse und der Vorstellung der Ergebnisse stellt im Anschluss an die Recherche die Strukturierung und Systematisierung der Daten dar. Die Schüler systematisieren in der Form einer MindMap oder eines Strukturdiagrammes. Die gruppenimmanenten Daten des zu betrachtenden Landes werden von der Gruppe in einer solchen Form gefiltert und strukturiert. Punktuell werden Zusammenhänge der gewählten Geofaktoren deutlich. Auch Problemfelder des Landes werden durch die Vernetzung der Daten ersichtlich.

Aus der Analyse der physiogeografischen und den geistesbestimmten Faktoren lassen sich Rückschlüsse auf die anthropogenen Landschaftsfaktoren, wie die Landnutzung, Verkehrswege, Infrastruktur und Siedlungspolitik treffen. Unterstützend kann auf die Verteilung der Wirtschaftssektoren in den betreffenden Räumen eingegangen werden. An dieser Stelle werden die Schüler bereits auf eine Vielzahl entwicklungshemmender Probleme der betrachteten Länder gestoßen sein. Durch das vernetzte Denken werden sich den leistungsstarken Schüler aber bereits auch Ideen für mögliche Entwicklungsperspektiven eröffnet haben. Die Schüler werden durch ihre Recherche in den verschiedenen Medien darauf stoßen, dass die meisten analysierten Länder ihre Zukunft im tertiären Wirtschaftssektor suchen. Der Tourismus als Weg aus der Unterentwicklung spielt hierbei eine übergeordnete Rolle.

4.3 Didaktische Überlegungen

In der Planung der Reihe wurde auf kein spezielles Lehrwerk zurückgegriffen, vielmehr obliegen die einzelnen Bestandteile meiner persönlichen Erarbeitung und/oder Zusammenstellung. Dazu wurden aus verschiedenen Quellen[22] Materialien und Ansätze zur Raumanalyse übernommen und integriert.

Die Struktur der Unterrichtsreihe „Afrika, südlich der Sahara – ein Raum voller Herausforderungen“ und deren Inhalte basiert auf dem genetisch– sokratisch– exemplarischem Prinzip nach Martin Wagenschein[23]. Genetisch, weil sie mit dem Werden des Wissens im Menschen zu tun hat, sokratisch, da sie auf fragend – entwickelndem Unterricht beruht und exemplarisch, weil die Lehre sich auf exemplarische Themenkreise bezieht. Für diese Form von Unterricht ist Neugier der Lernenden eine notwendige Voraussetzung. Die (Lern)Gruppe hat ein Phänomen eines Raumes vor Augen und soll die Suche nach Ursachen, Erklärungen und Perspektiven vollziehen. Diese direkte Begegnung mit den Inhalten wirkt sich positiv auf das Behalten des Lernstoffes aus. Nach Wagenstein gibt es drei Fähigkeiten, welche die Schüler aufweisen müssen, um den Unterricht erfolgreich werden zu lassen:

[21] Vgl. Abschnitt 3.2.3 S.11.
[22] Vgl. Abschnitt 8
[23] Vgl. http://susanne-bruells.heimat.eu/Wagenschein/Genetisches-Lehren-Prinzipien.pdf

- *Produktive Findigkeit*: beinhaltet die Fähigkeit, mit neuen und ungewohnten Situationen zu recht zukommen und dabei Phantasie und Eigeninitiative zum Entwerfen aufgabenbezogene Problemlösungsstrategien einzusetzen
- *Einwurzelung („Enracinement")*: das Gelernte muss mit eigenen Erfahrungen in Verbindung gebracht werden können
- *Kritisches Vermögen*: dient als Kontrolldistanz des Lernvorganges der Schüler, bei dem sie die eigenen Entwicklungen in ihrem Lernen Schritt für Schritt logisch hinterfragen

Die Arbeitsaufgabe der Reihe wurde nach dem übergeordneten Prinzip wie folgt formuliert:

„Fertigt als Gruppe ein aussagekräftiges Plakat über ein afrikanisches Land, südlich der Sahara an. Geht dabei auf wesentliche topografische, humangeografisch Gegebenheiten, Probleme und Perspektiven des Landes ein!
Entwickelt eine Rundreise beginnend von der Hauptstadt zu exemplarischen positiven oder negativen besetzten Schauplätzen eures gewählten Landes und stellt eine Karte zu dieser Reise mit der Hilfe der Software StepMap her. Integriert sie in euer Plakat.
Das Plakat soll wichtige charakteristische Merkmale und Informationen des Landes, sowie die eigene erstellte Karte enthalten und in einem „Gallery Walk" präsentiert werden".

Die Reihe kann demnach in drei wesentliche Einheiten unterteilt werden:

1) Informationsbeschaffung und –strukturierung:
Hierbei liegt die Orientierung auf der ersten Fähigkeit des Prinzips, dem *Produktiven Findigkeit.* Die Schüler analysieren die Arbeitsaufgabe und legen sich in der Gruppe selbstständig einen Lösungsweg an. Die Vielfalt der Informationen eines Landes können nur arbeitsteilig erfasst werden. Auch eine Schwerpunktsetzung kann gruppenintern erfolgen. Das dient in der Gänze zur Orientierung im Raum. Im Sinne der Raumanalysekompetenz werden anschließend die gesammelten Informationen mit der Hilfe einer MindMap strukturiert. Diese Form der Aufbereitung führt als Methode zu ersten inhaltlichen Verknüpfungen verschiedener Geofaktoren. Für diese Phase sind die ersten beiden Stunden der Reihe als Zeiteinheit festgelegt. Darüber hinaus bekommen die Schüler die Hausaufgabe, weiter nach Informationen zu recherchieren. In der zweiten Stunde muss dann in Kurzform die Methode des Mindmappings mit den Schülern erörtert werden, damit es zu einer sinnbehaftetet Strukturierung der gesammelten Informationen kommt. Ansonsten besteht die Gefahr, dass Informationen irgendwie zusammengestellt werden, ohne dass sich mögliche Vernetzungen der untersuchten Geofaktoren ergeben.
2) Erstellen des Produktes:
Im Sinne der *„Einwurzelung"* wird eine Karte mit der Onlinesoftware *StepMap* in der dritten Stunde erstellt[24]. Die Karte soll so aufbereitet werden, dass sie eine

[24] Vgl. Abschnitt 3.2.2 S. 8f

Rundreise von der Hauptstadt des Landes ausgehend aufzeigt, die an exemplarischen Orten des Landes vorbeiführt, die entweder negativ (problemorientiert) oder positiv (Perspektive) besetzt sind. Die Schüler kennen aus eigenen Erfahrungen Reisen in fremde Länder und sollen nun bewusst mit Hilfe der Software eine fiktive Reiseroute entwickeln. Das soll die Schüler im Alltag befähigen für eigene Reisen begründet und durchdachte Routen zu planen.

Von Nachteil ist, dass die Schüler in dieser Form keine reale Begegnung mit dem Raum vollziehen können. Hoch motivierend wäre z.B. eine Exkursion in den zu analysierenden Raum. Das würde sich bei Nahräumen anbieten, um einen starken Lebensweltbezug zu erreichen. In der vorliegenden Reihe bezieht sich die Einwurzelung mehr auf die Tätigkeit der Kartenherstellung. Hier ist wie oben benannt der direkte Alltagsbezug vorhanden. Die erstellte Karte dient als grafische Unterstützung der Raumanalyse und verdeutlicht in diesem Sinne die Probleme aber auch gegebenenfalls mögliche Perspektiven des gewählten Landes. Optisch weist sie für den Betrachter des endgültigen Plakates den Raum aus und verknüpft die entwickelte Problemsicht auf das Land sinnvoll.

Die Verbindung der, aus der MindMap resultierenden landesbezogen Informationen mit der Karte erfolgt dann in der vierten und fünften Stunde der Reihe. Die Gruppen erstellen ihr Landesplakat, aus dem die wichtigen charakteristischen Merkmale und Informationen des Landes klar ersichtlich werden müssen.

3) Vorstellung der Ergebnisse:

   Der Einsatz der Methode „Gallery Walk" in der sechsten Stunde erfüllt einen konkreten Standard des RLP Geografie der Doppeljahrgangstufe 9/10[25]. Die Schüler präsentieren sachgerecht, strukturiert die Ergebnisse längerfristiger Arbeit in komplexer Form. Dafür wurden in der Erarbeitungsphase der Reihe die Karte erstellt und diese in ein aussagekräftiges Plakat eingebunden. Die hierbei angestrebte Metakognition, dem Bewusstwerden über das durchgeführte Denken und Handeln spiegelt sich im *kritischen Vermögen* wieder. Es wird multiperspektivisch das eigene Handeln konstruktiv-kritisch betrachtet und hinterfragt. Eine Aufarbeitung von aufgetretenen Problemen bietet sich an.

   Die Präsentation erfolgt in der Form einer Tourismusbörse. Die Gruppen stellen sich den Fragen der anderen Schüler, sie präsentieren ihre Ergebnisse und müssen sich mit Wissen und rhetorischem Geschick der Kritik und den Anmerkungen der Schüler stellen. Die Schüler im Rundgang haben die Aufgabe, die Plakate als Endprodukt der Gruppen nach einem Punkteverteilungsschlüssel zu beurteilen.

In Jeder der drei vorgegeben Phasen soll die Raumanalysekompetenz nach der dargestellten Vorgehensweise gefördert werden und im Hinblick auf die zu erstellenden Karten Ideen, Darstellungselemente und Themen bieten[26].

---

[25] Vgl. **Senatsverwaltung für Bildung, Jugend und Sport Berlin:** Rahmenlehrplan für die Sekundarstufe I Geografie. 2006. S. 14.

[26] Vgl. Abschnitt 3.2.4 S. 12f.

4.4 Synopse der Gesamtplanung

Stunde (je 45 Min.)	*Thema* Raumanalytischer Schwerpunkt	Kompetenzkonkretisierung der Raumanalyse[27]	Konkretisierung der Stundenstandards	Übersicht über den geplanten Stundenverlauf	Sozialform	Medien
1	*Länder Afrikas, südlich der Sahara – wer was und warm?* *Verteilung der gruppeninternen Arbeitsschwerpunkte (Geofaktoren) zur Informationsbeschaffung*	*Stufe 1, 2, 3*	*Sch. bearbeiten unvoreingenommen das AB der Eingangsevaluation.* *Sch. erschließen sich im Gespräch die Arbeitsaufgabe und stellen Rückfragen an den L.* *Sch. wählen auf Grund eigener Interessen in Ihrer Gruppe ein Land, das den Bedingungen „Afrika, südlich der Sahara" entspricht. Sie gliedern Rechercheaufgaben hinsichtlich verschiedener Geofaktoren und verteilen sie an die Gruppenmitglieder.*	***Eingangsevaluation*** ***E:*** *Einführung zur Vorgehensweise der Raumanalyse, Vorstellung der Arbeitsaufgabe der Reihe* ***ER:*** *Wahl der Länder* ***ER:*** *Aufgabenverteilung in der Gruppe, erste Recherchearbeiten*	*EA* *LV, gUg* *GA* *GA*	*AB* *SB* *A* *A, PC,LB*
Hausaufgabe: *Intensive Informationsrecherche zu den gewählten Ländern in Form einer reinen Stichpunktesammlung*						
2	Viele Infos und was nun? Strukturieren der gesammelten Informationen	Stufe 3, 4, 5	Sch. erschließen die Methode MindMap und erstellen eine aus den gesammelten Informationen ihres zu untersuchenden Landes. Sie strukturieren und systematisieren die Daten und bereiten sie grafisch auf. Sie stellen exemplarisch ihr Produkt vor und reflektieren den Arbeitsprozess. Die MindMaps werden konstruktiv- kritisch von den Sch. beurteilt.	**E:** Merkmale und Aufbau einer MindMap **Er:** erstellen einer MindMap mit ihren Landesspezifischen Informationen **SI:** Vorstellen der MindMaps und Erläuterungen über das Vorgehen	gUg GA GA	SB A3 Blatt A3 Blatt mit MindMap
Hausaufgabe: fertigstellen der MindMap						
3	*Wie erstelle ich eine Onlinekarte?* Einführung in die Soft-	Stufe 3	Sch. Erschließen sich die Software *StepMap*[28]. Sie erstellen nach Vorgabe eine fiktive Reiseroute durch Deutschland und probieren die Software in allen Bereichen aus	**E:** Einführung der Software *StepMap*, Ausgabe der Gruppenzugangsdaten **ER:** Erstellung eigener Karten-	LV GA	SB PC,

[27] Vgl. Abschnitt 3.2.3 S.10-12
[28] Vgl. Abschnitt 3.2.2 S.8f

	ware *StepMap*			beispiele Deutschlands **SI:** Vorstellung exemplarischer Beispielkarten	GA	StepMap SB
4	*Nun mal selbst!* *Erstellen der Gruppenkarten mit StepMap*	*Stufe 4, 5*	*Sch. erstellen die Gruppenkarten mit Hilfe der Software StepMap. Sie gewichten ihre gesammelten Informationen und stellen eine fiktiv geplante Reiseroute, ausgehend von der Hauptstadt des Landes zu charakterisierenden Orten zusammen.*	***E:** Kurzer Rückblick auf die letzte Stunde* ***ER:** erstellen der Karte des gewählten Landes im Sinne der Arbeitsaufgabe*	*gUg* *GA*	*SB, StepMap* *PC, StepMap*
***Hausaufgabe:** Da die Folgestunde ausgefällt, erhalten die Schüler die Aufgabe, die Karte in Hausarbeit fertigzustellen. Jede Gruppe hat dafür einen Passwortgeschützten Zugang für die Software bekommen. Jeder kann individuell an der Gruppenkarte weiterarbeiten.*						
5	*Wie verdeutlichen wir unsere Zwischenergebnisse?* Einbinden der erstellten Karte und der Struktur der MindMap in ein Plakat	Stufe 5	Sch. erschließen sich die Merkmale eines Plakates und binden die erstellte Karte in ein Gruppenplakat ein. Die Erklärung der Karte erfolgt Plakatimmanent. Die Sch. heben Problemsichten des Landes und mögliche Perspektiven verbal und grafisch hervor.	**E:** Merkmale eines Plakates werden besprochen. **ER:** Vorbereitung der Gruppenplakate	gUg GA	SB A2 Bögen
6	*Tourismusbörse der Länder Afrikas, südlich der Sahara* *Gallery Walk als **SI** der Stunden 3,4 und 5*	*Stufe 6*	*Sch. stellen ihre Gruppenplakate in Form eines Gallery Walk vor. Die Präsentierenden erläutern ihre Arbeit und beantworten Rückfragen der „Besucher". Die besuchenden Sch. Beurteilen die Gruppenergebnisse anhand eines Beurteilungsbogens.*	***E:** Regeln der Methode Gallery Walk werden festgelegt* ***ER:** Durchführung der Methode Gallery Walk*	*gUg* *SV*	*SB* *fertige Plakate*
7	*Was war gut, was geht besser?* Reflexion und Abschlussevaluation	Stufe 6	Sch. reflektieren multiperspektivisch die Bearbeitung der Arbeitsaufgabe. Sie gehen dabei auf positive und negative Elemente in der Erarbeitungsphase, der Zwischen- und Endergebnisse und den sozialen Aspekten der Gruppenarbeit ein. Sie diskutieren Verbesserungsvorschläge für benannte Defizite	**Reflexion:** Kritische Betrachtung der gesamten Reihe in verschiedenen Facetten **Ausgangsevaluation**	gUg EA	AB, SB AB

Abkürzungen: **E**- Einstieg; **ER**- Erarbeitung; **SI**- Sicherung; **Sch**- Schüler; **L**- Lehrer; **gUg**- gelenktes Unterrichtsgespräch; **SV**- Schülervortrag; **GA**- Gruppenarbeit; **EA**- Einzelarbeit; **SB**- Smart Board; **AB**- Arbeitsblatt; **A**- Atlas; **PC**- Computer; **LB**- Lehrbuch

5. Exemplarische Darstellung und Analyse ausgewählter Stunden

Die Förderung der Raumanalysekompetenz als Darstellungsschwerpunktes der Arbeit führte zur Auswahl der Stunden, die hier vorgestellt werden sollen. Die Einzelstunden müssen stets kumulativ im Zusammenhang der gesamten Reihe betrachtet werden. Die verwendeten Methoden, wie das Erstellen der MindMap, des Gruppenplakates und der Generierung der Onlinekarte mit Hilfe der Software *StepMap* dienen vertiefend zur Schulung der benannten Kompetenz. Ihr Sinn liegt aber darüber hinaus auch in der Erprobung zur Verwendung in anderen Unterrichtsfächern. Warum die Wahl der exemplarischen Darstellung und Analyse ausgewählter Stunden auf die folgenden gefallen ist, soll an dieser Stelle kurz begründet werden.

Wichtigster Bestandteil der ersten Stunde der Unterrichtseinheit ist die Wahl und die Abgrenzung des Untersuchungsraumes. Sie beginnt mit einer Eingangsevaluation zur Unterrichtsreihe. Hierbei erschien es mir wichtig, ein klares Bild der Interessenlage und den raumanalytischen Fähigkeiten als Kompetenzstand der Schüler zu gewinnen[29]. Im Anschluss wurden die Schüler in den Ablaufprozess einer Raumanalyse eingeführt. Wesentliche Aspekte wurden für die Schüler separiert und aufbereitet, so dass die Schüler zu dem doch recht schwer zu erschließenden Kompetenzbegriff einen Zugang finden konnten. Weiterhin wurde den Schülern ein kurzer Abriss der folgenden Arbeitsschritte und den einzusetzenden Methoden und deren Sinn eröffnet. Das Ganze geschah in der Analyse der reihenbegleitenden Arbeitsaufgabe[30]. Abschließend zur ersten Stunde der Reihe erfolgte die Einteilung der Gruppen. Nach der Findung der Arbeitsgruppen wurde dann gemeinschaftlich, mit Hilfe des Atlas und des Lehrbuches, ein zu untersuchendes Land gewählt, dass die Aspekte „Afrika" und „südlich der Sahara" erfüllte.

Die vierte Stunde wurde gewählt, da hier die Erstellung der Onlinekarte mit Hilfe der Software *StepMap* im Fokus stand. Die Schüler haben sich die Möglichkeiten und die Fähigkeiten der Software in der vorangegangenen Stunde an einer Beispielkarte erschlossen. Ein Schwerpunkt des Unterrichtsvorhabens lag in der Frage, ob die Software StepMap eine Förderung der Raumanalysekompetenz gewährt. Deshalb war es an dieser Stelle besonders interessant zu beobachten, wie die Gruppen selbstständig mit *StepMap* arbeiten und wie sie in der Lage sind die zum Teil in der Software verborgenen Hilfsmittel zur Raumanalyse durch intensive Durchdringung des Mediums zu erschließen und zu nutzen. Die Schüler hatten sich als Vorentlastung für die Stunde alle landes- und aufgabenbezogenen Informationen im Sinne der Arbeitsaufgabe in einer MindMap strukturiert und systematisiert. Sie mussten nun ihre vorbereitete fiktive Reiseroute begründet in eine Karte integrieren.

[29] *Nach der reihenabschließenden Ausgangsevaluation sollen verschiedene Punkte des Befragungsbogens eine Aussage über den Kompetenzzuwachs durch die Unterrichtsreihe geben können.*

[30] Vgl. Abschnitt 4.2 S.18.

Jede Arbeitsgruppe besaß für die Software einen eigenen passwortgeschützten Zugang. Der Erarbeitungsprozess wurde offen gehalten, damit die Schüler individuell ihre Produkte in Hausarbeit vervollständigen und beenden konnten.
Die sechste Stunde dient der Präsentation der Ergebnisse. Diese Stunde möchte ich darstellen, da anhand der Präsentation der Resultate in verbal, grafischer undbildhafter Form eine geförderte Raumanalysekompetenz nachgewiesen werden kann.
Nachdem die Schüler ihre Karten erstellt und in ein entsprechendes Plakat eingebunden haben, sollen nun die Endprodukte in Form eines „Gallery Walk" von den Schülergruppen vorgestellt und beurteilt werden. Die Gruppen stellten dafür ihr Plakat den interessierten Schülern vor und beantworteten Fragen der Besucher ihres Plakates.
Die besuchenden Schüler bekamen dafür ein Beurteilungsbogen, in dem sie alle acht Länder und deren Präsentation erfassen mussten. Aufgegliedert nach verschieden Aspekten[31] konnte nun eine Gesamtpunktzahl für die vorgestellten Länder ermittelt und somit eine Beurteilung über die Qualität der Gruppenarbeit getroffen werden.
Es wurde in allen Stunden der Unterrichtsreihe den klassischen Schritten einer Raumanalyse[32] gefolgt.

5.1 Erste Stunde der Reihe: *Länder Afrikas, südlich der Sahara – wer, was und warum?*

5.1.1 Fachlicher/ inhaltlicher Schwerpunkt

Den Beginn der ersten Stunde bildet die Eingangsevaluation. In dieser kurzen Befragung wird die allgemeine Interessenlage und der Stand verschiedene geografischer Fähig- und Fertigkeiten der Schüler ermittelt. Im Anschluss wird die Arbeitsaufgabe in einem kurzen Brainstorming erschlossen und diskutiert. Hier sind Korrekturen der Aufgabe durch die Schüler nicht nur zulässig, sondern auch erwünscht. Nachdem die Klärung stattgefunden hat, verteilen sich die Schüler in ihre Gruppen und nehmen in einer internen Absprache die Wahl ihres Untersuchungsgebietes vor. Dafür werden die Atlanten genutzt. Die Wahl erfolgt nach Interessenlage. Nur die Parameter „Afrika" und „südlich der Sahara" sind für die Auswahl verbindlich. Nachdem die Gruppenländer mitgeteilt sind, erschließen sich die Schüler mit Hilfe der Atlanten erste wesentliche Informationen über das Land. Unabdingbar sind hier die Lage, Grenzen und Klima. Dafür nutzen die Schüler in erster Linie verschiedene thematische Karten des Haak und des Diercke Schulatlas. Die Information dürfen bereits strukturiert werden. Dies bildet aber keine formale Vorgabe für diese Phase der Unterrichtsreihe.

[31] Vgl. Abschnitt 9 S. 46. M 4.
[32] Vgl. Abschnitt 3.2.3 S. 10 ff.

5.1.2 Standardkonkretisierung für die Stunde

Aktueller Stand der Kompetenzentwicklung	Konkretisierung der Standards für die geplante Stunde
Siehe Abschnitt 2.2	Die Sch. weisen ihr Interesse an den Ländern Afrikas aus. Sie geben auf einem Arbeitsblatt Auskunft über ihren Kenntnisstand geografischer Arbeitsweisen. Die Sch. erschließen im Gespräch eine komplexe Aufgabenstellung und klären eventuelle Fragen. Die Sch. wählen ihren Untersuchungsraum und grenzen ihn ab. Sie formulieren ihre grupppeninterne Untersuchungsproblematik. Sie beginnen Materialien zu sichten und erste Informationen über ihr gewähltes Land mit Hilfe der Atlanten, den Lehrbüchern und anderen Materialien zu erschließen.

5.1.3 Didaktisch- methodische Überlegung und Begründung der Lehr- und Lernstruktur

Den Beginn der Stunde soll die Eingangsevaluation bilden. Die Schüler füllen individuell den Befragungsbogen, bis auf Verständnisfragen, unkommentiert aus. Das dient zu einer klaren Erfassung des individuellen Kompetenzstandes der einzelnen Schüler. Aufkeimende inhaltsbezogene Fragen bilden die Überleitung in die Phase des eigentlichen Einstiegs. Gegebenenfalls leiten die Schüler bereits eine Grobform der reihenbezogenen Arbeitsaufgabe ab. In einem gelenkten Unterrichtsgespräche soll nun herausgearbeitet werden, dass viele Schüler den Großraum Afrika kennen, ihn aber noch nicht tiefgründig erschlossen haben. Es soll sich für die Schüler die Frage stellen, wie ein unbekannter Raum erschlossen werden kann. Die Antwort darauf bietet die vom Rahmenlehrplan geforderte Schulung der Raumanalysekompetenz. Die Förderung dieser bildet den Kern der geplanten Unterrichtsreihe. Nun sollen die Schüler über den geplanten Verlauf der Reihe informiert und mit der Arbeitsaufgabe der Reihe Vertraut gemacht werden. Nach der Erschließung des Unterrichtsvorhabens und der Arbeitsaufgabe dürfen und sollen sie kritisch ihre Meinung formulieren. Ich habe mich in der Planung des Unterrichtsvorhabens dazu entschieden, die Arbeitsaufgabe und den Verlauf der Reihe vorzuplanen, um nicht bereits in der ersten von nur sieben Unterrichtsstunden zu viel Zeit für eine schülergelenkte Arbeitsaufgabe zu verlieren. Sollte sich in dieser Phase ein abweichendes Schülerinteresse formieren, kann die Planung diesbezüglich angepasst werden.
Nachdem die Arbeitsaufgabe feststeht, werden die Schüler nun in ihre Stammgruppen zusammengefügt. Diese wurden von mir vorbereitet, um eine intensive Durchmischung zu gewährleisten und eine starke Heterogenität herzustellen, da es sich in früheren Gruppenarbeiten immer wieder gezeigt hat, dass sich die Gruppen in schülergelenkter Anlage stets ähnlich formierten. Dabei kam oft sehr Leistungshomogene Gruppen heraus. Ein weiterer Schwerpunkt in der Gruppenzusammensetzung bildete die Fähigkeit

mit einem Computerprogramm zu arbeiten. Nach früheren Beobachtungen stellte ich fest, dass sich speziell die Jungen der Lerngruppe hier hervorhoben. Deshalb wurden auf die acht Arbeitsgruppen zuerst die Jungen verteilt um somit eine Chancengleichheit zu schaffen. Die Mädchen wurden dann Leistungsheterogen den Gruppen zugeordnet. Nachdem die Gruppen sich an den Gruppentischen zusammengefunden haben, wird zur Erarbeitungsphase übergeleitet. Die Gruppen sollen sich nun mit der Hilfe von Atlanten für ein Land Afrikas, südlich der Sahara entscheiden. Dafür ist es notwendig, dass die Mitglieder einer Gruppe über ihre persönlichen Interessen diesbezüglich diskutieren und diese gegebenenfalls auch durchsetzen. Sollte es der zeitliche Verlauf der Unterrichtsstunde noch zulassen, stellen die Schüler ihre Auswahl der Länder begründet vor, um zu gewährleisten, dass sich die Gruppen auch bewusst für ihr Land entschieden haben.
Um den exemplarischen Charakter der Länder zu wahren und einen möglichst großen Überblick zu bekommen, gibt es die Einschränkung von Lehrerseite, dass sich die gewählten Länder der Gruppen nicht doppeln sollen.
Die Gruppen werden nun im Sinne der Raumanalyse ihre Untersuchungsschwerpunkte gruppenintern besprechen und aufteilen. Jeder Schüler muss sich seinen Rechercheschwerpunkt notieren und darf sofort mit verschieden Hilfsmitteln, die im Klassenraum zur Verfügung gestellt werden, mit seiner Bearbeitung beginnen. Da diese Arbeit über den zeitlichen Rahmen der Stunde hinausgehen wird, soll sie als Hausaufgabe, individuell zur Vorentlastung der zweiten Stunde der Reihe, zu Hause beendet werden.

Indikatoren der erwarteten Kompetenzentwicklung

Prozessbezogene Indikatoren	**Produktbezogene Indikatoren**
Die Schüler beantworten in Einzelarbeit die Fragen der Eingangsevaluation. Im Anschluss erschließen sie gemeinsam die Arbeitsaufgabe der Reihe und diskutieren sie kritisch. Sie stimmen sich in heterogenen Arbeitsgruppen über das gewählte Land und die Relevanz differenzierter Informationen ab, und treffen gemeinsam eine Entscheidung über die verschiedenen Rechercheaufgaben der einzelnen Gruppenmitglieder bezüglich relevanter Geofaktoren. Jeder Schüler fixiert schriftlich seinen Rechercheschwerpunkt.	➢ ausgefüllte Eingangsevaluationen[33] ➢ schriftlich fixierte Länderauswahl ➢ schriftlich fixierte Rechercheschwerpunkte der einzelnen Gruppenmitglieder

[33] Vgl. Abschnitt 9. S. 43. M 1.

5.1.4 Darstellung und Analyse der Stunde

Zeitlich betrachtet war die Stunde in ihrer Durchführung zu eng geplant und schwierig durchführbar. Wenn man die Stunde nach den inhaltlichen Aspekten betrachtet, dann verlief sie aber wie geplant. Die einzelnen Phasen der Stunde und deren Übergänge erwiesen sich als angemessen strukturiert und konnten von den Schülern gut nachvollzogen werden. Damit war eine erforderliche Transparenz des Ganzen gewährleistet.

Im Großen und Ganzen ist die Stunde als tragfähig zu bezeichnen. Der Evaluationsbogen wurde ohne weitere Rückfragen von den Schülern beantwortet. Das lässt den Schluss zu, dass die zu bewertenden Aussagen des Bogens adressatengerecht formuliert[34] waren. Die Auswertung ließ vielschichtige Rückschlüsse auf den individuellen und auch auf den Kompetenzstand der gesamten Lerngruppe zu. Der Faktor Zeit kam durch das zügige Beantworten der Fragen durch die Schüler hier nicht negativ zum Tragen. Im Gegenteil es wurde schneller gearbeitet als gedacht. Des Weiteren war im Anschluss der Befragung fast allen Schülern der Lerngruppe klar, das sich die Unterrichtsreihe um das Themenfeld Afrika handelt und teilweise wurde sogar formuliert, dass es sich um Länder südlich der Sahara handeln muss und dass es dort wohl Probleme gäbe. Die recht hohe Schülerbeteiligung und die einzelnen Schüleranmerkungen lassen den Schluss zu, dass der Evaluationsbogen als Hinführungsimpuls zum Thema geeignet war.

Die anschließende Formulierung der Arbeitsaufgabe war für mich unbefriedigend, da die Schüler die von mir vorbereitete Aufgabenstellung anstandslos akzeptierten. Ich hätte mir an dieser Stelle gewünscht, dass die Schüler kritischer an meine Vorformulierung herantreten und eventuell eigene Ideen mit einbringen würden. Dem war nicht so. Die Lerngruppe nahm die Aufgabe so zur Kenntnis. Diese Art der Vorformulierung würde ich bei mehr Zeit so nicht mehr wählen, da es im Sinne einer modernen Didaktik ist, dass Schüler eigene Aufgaben selbstständig oder im Gespräch entwickeln sollten.

Es folgte die Gruppeneinteilung, die wie erwartet einen hohen Aufforderungscharakter zur Diskussion bot. Hier ging tatsächlich etwas Zeit verloren, da diese Diskussion innerhalb der Schüler geführt wurde und nicht mit mir als Lehrperson. Die Auswahl der Teilnehmer wurde dann von mir sachlich begründet. Daraufhin wurde die Gruppeneinteilung dann doch von den Schülern akzeptiert und sie fanden sich, wenn auch vereinzelt murrend, in ihren Gruppen zusammen. Was sehr erstaunlich war, ist die Tatsache, dass die Schüler dann in ihrer Gruppe sehr schnell zusammen gefunden haben und eine rege Diskussion über die Auswahl der Länder einsetzte. Die Schüler waren mit einem Mal hochmotiviert und blätterten sich mit hohem Eifer durch den Schulatlas. Eigene Erfahrungen wurden ausgetauscht, Karten betrachtet und besprochen und eigene Wünsche einzelner Gruppenmitglieder in die Auswahl des Landes mit einbezogen. Die Vorstellungsrunde der Länder und die Begründung zur Wahl des Landes beschränkten sich pro Gruppe auf wenige Sätze. Ich habe hier nicht nachgesteuert, da eine recht umfassende

[34] Vgl. Abschnitt 9. S. 43. M 1.

Analyse des Untersuchungsgebietes in der Reihe folgen wird und die Begründung der Auswahl keine Relevanz für die anderen Gruppen hatte.
Die anschließende Schwerpunktverteilung der Gruppenmitglieder wurde nur mündlich vollzogen. Das angestrebte schriftliche Fixieren der individuellen Betrachtungspunkte erfolgte nicht oder nur stichwortartig. Auch nach mehrmaligen Hinweisen, wurde es nicht von den Schülern umgesetzt. Dafür war der mündliche Austausch gruppenintern umso ergiebiger. Ich empfand es als sehr erstaunlich zu beobachten in welche Tiefe bereits an dieser Stelle verschiedene Geofaktoren der einzelnen Länder debattiert und zum Teil sogar schon analysiert wurden. Negativ zu erwähnen blieb, dass auch hier wenig Niederschrift erfolgte.
Diese Stunde war, wie eingangs bereits erwähnt, tragfähig im Sinne der Kompetenzentwicklung der Raumanalysefähigkeit. Es wurden die konkretisierten Standards aus Abschnitt 5.1.5 erfüllt. Somit lässt sich festhalten, dass die ersten Schritte einer Raumanalyse, nämlich die Wahl und Abgrenzung des Untersuchungsraumes sowie die Bestimmung der Untersuchungsproblematik als Kompetenzentwicklung nachvollziehbar war.

5.2 Vierte Stunde der Reihe: *Nun mal selbst!*

5.2.1 Fachlicher/ inhaltlicher Schwerpunkt

Die Stufe fünf einer Raumanalyse hat die Synthese der Zwischenergebnisse als Ziel. Die Schüler haben als Vorarbeit Informationen gesammelt und mit der Hilfe einer MindMap strukturiert und systematisiert. Es wurden bereits verschiedene Geofaktoren und Perspektiven in der Betrachtung des Landes sinnvoll miteinander verknüpft. Nun liegt es in der Aufgabe der Schüler, diese Basis in einer Karte der Onlinesoftware *StepMap* grafisch und bildhaft aufzubereiten. Zur Vorbereitung dafür, haben sich die Gruppen in der dritten Stunde der Reihe gemeinsam mit mir die Grundzüge der Software an einer Karte Deutschlands erschlossen.
Diese Stunde ist von dem methodischen Schwerpunkt, der Erstellung der Karte, geprägt. Es gilt für die Schüler tief in die Software hineinzuschauen und unterstützende Programmelemente für eine aussagekräftige und fachlich exakte thematische Karte zu finden.

5.2.2 Standardkonkretisierung für die Stunde

Aktueller Stand der Kompetenzentwicklung	Konkretisierung der Standards für die geplante Stunde
Die Schüler sind nach der Auswertung der Eingangsevaluation nur wenig in der	Die Sch. erstellen mit der Software *StepMap* eine landesbezogene thematische Karte. Sie kreieren eine fiktive Reiseroute auf der Grundlage, der von ihnen strukturierten und systema-

Lage eine inhaltsbezogene Onlinekarte zu erstellen[35].	tisierten Informationen und integrieren sie. Sie erschließen sich selbstständig weitere Funktionen der Software *StepMap*, die eine funktionelle Raumanalyse unterstützen. Die Schüler vergleichen und bewerten geografische Sachverhalte auf der Grundlage unterschiedlicher Darstellungsformen und ziehen aus den Ergebnissen begründet Schlussfolgerungen.

5.2.3 Didaktisch- methodische Überlegung und Begründung der Lehr- und Lernstruktur

Diese Stunde setzt im umfangreichen Maße auf die Selbstständigkeit der Arbeitsgruppen. Der Einsatz der Software wurde in der dritten Stunde vorbereitet. Nun liegt es in der Verantwortung der Schüler, ihre Karte zu erstellen. Eingangs der Stunde wird der Inhalt der letzten in kurzer Form von einem Schüler wiederholt. Hier geht es im Besonderen um die Handhabung der Software. Exemplarisch weist der wiederholende Schüler am SmartBoard die einzelnen Schritte zur Erstellung einer Karte im Programm *StepMap* nach. Dann wird die Verantwortung vollständig an die Ländergruppen abgetreten. Als Hilfsmittel dienen ihre MindMap, der vorliegende Atlas zur Verortung einzelner Ortschaften und selbstverständlich das Internet mit seinen vielschichtigen Informationsquellen. Die Aufgabe dieser Stunde lautet:

Erstellt mit Hilfe der Software StepMap eine Karte, zu der von Euch entwickelten Rundreise beginnend von der Hauptstadt zu exemplarischen und charakteristischen Schauplätzen eures gewählten Landes. Findet in der Gruppe eine Möglichkeit, wie ihr die Wichtigkeit dieser Orte, mit den gesammelten Informationen darstellen könnt.

Die Software *StepMap* lässt es nicht zu, dass an einer Karte von zwei verschiedenen Arbeitsplätzen aus gearbeitet wird. Deshalb besteht die Herausforderung dieser Stunde darin, wie die Gruppen mit vier Teilnehmern ein gemeinsames Ergebnis erbringen werden. Wird es den Gruppen gelingen gemeinsam zu arbeiten oder werden drei Schüler einem Schüler bei der Erstellung der Karte zusehen? Wie eine solche Karte generiert werden kann, wird in Punkten 3.2.1 und 3.2.2 in dieser Arbeit weitreichend beschrieben, so dass an dieser Stelle zur Vermeidung von Redundanzen nicht weiter darauf eingegangen werden muss. Es sei nur erwähnt, das raumanalytisch betrachtet, eine interessante Verortungsfunktion in Step2 hinterlegt ist, auf die die Schüler noch nicht hingewiesen worden sind. Den Schülern ist es möglich, die genaue Lage eines Ortes, Gewässers oder auch einer Reliefform mit der Funktion „Ortspunkt positionieren"

[35] Zu der Aussage 9 der Eingangsevaluation: „Ich kenne mich mit der Erstellung von Onlinekarten aus" Schülerantworten: 2x „trifft zu", 14x „trifft weniger zu", 17x „trifft nicht zu"

zu bestimmen. Das soll ihnen helfen, eine sachlich richtige Ortsbestimmung für ihre Reiseroute durchzuführen. Darüber hinaus stehen ihnen unzählige grafische Möglichkeiten zur Vervollständigung ihrer Karte zur Verfügung. Selbst eigene Grafiken oder Klimadiagramme können der Karte in Step2 zugefügt werden Die Schüler sollen aus der vollen Bandbreite der Möglichkeiten von *StepMap* schöpferisch tätig werden und eine ansehnliche aber vor allem auch aussagekräftige Karte erstellen.

Indikatoren der erwarteten Kompetenzentwicklung

Prozessbezogene Indikatoren	**Produktbezogene Indikatoren**
Die Schüler erstellen in Gruppenarbeit gemeinsam und selbstständig ihre landesbezogene Karte mit Hilfe der Software *StepMap*. Sie kreieren auf der Basis ihrer im Vorfeld erstellten MindMap eine fiktive Reiseroute und stellen sie dar. Es werden prägnante Informationen als verschiedene problem- oder lösungsrelevante Zwischenziele eingefügt, verortet und dem Land somit charakteristische Merkmale zugeordnet.	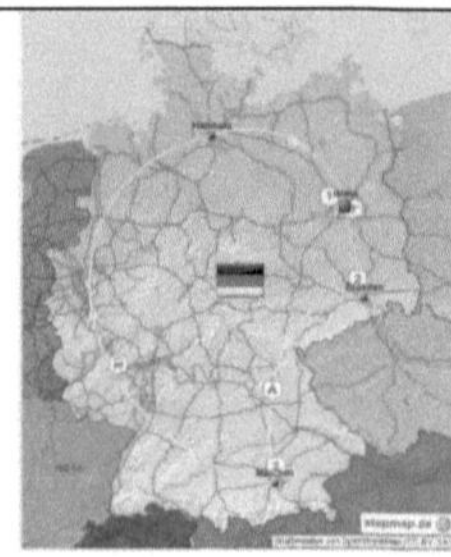 Antizipiertes exemplarisches Kartebeispiel

5.2.4 Darstellung und Analyse der Stunde

Die Handlungsorientierung der Schüler stand in dieser Stunde im Mittelpunkt. Da in der vorangegangen die Software *StepMap* tiefgründig eingeführt wurde, waren die Schüler über die ihnen zur Verfügung stehenden Möglichkeiten weitestgehend im Bilde.

Ich werte diese Stunde als Erfolg da die Schüler die konkretisierten Stundenstandards klar erfüllen konnten. Sie erstellten mit der Software *StepMap* eine landesbezogene thematische Karte und integrierten ihre fiktive Reiseroute auf der Grundlage, der von ihnen strukturierten und systematisierten Informationen.

Die Wiederholungsphase erwies sich als sehr sinnvoll, da besonders die computerunerfahrenen Schüler nochmals eine kurze Einführung in die Software bekamen. Eine starke Aufmerksamkeit und auch eine spürbare Vorfreude auf die Stunde ließen diesen Rückschluss zu.

Nachdem sich alle acht Gruppen mit ihren Zugangsdaten angemeldet hatten, konnten sie mit dem Step1 beginnen. Dieser Schritt bereitete den Schülern keine Schwierigkeiten. Es war für sie leicht umsetzbar, ihre individuellen Länder auf ein angemessenes Maß einzuzoomen und in ihrem frei wählbaren Kartenformat zu fixieren. Sie wählten eine passende Kartendarstellung und begannen individuelle Details in ihre Karte zu integrieren. Auch hier war erkennbar, dass die Schüler sehr differenziert mit den Darstellungsmöglichkeiten umgingen. Das hatte zur Folge, dass die erstellten Karten einen

gruppenspezifischen Charakter bekamen. Die Gruppe „Seychellen“ trennte sich in dieser Phase auf, damit sie kleine Einzelkarten der Inselgruppe erstellen konnten. Hierzu nutzten sie nach Rücksprache mit mir drei Arbeitsplätze.
Nachdem die Grundlage der Karte im ersten Step gelegt wurde, konnten die Schüler im Step2 nun ihre eigentliche Reiseroute eingliedern. Es wurden Punkte und Icons mit verschiedensten Eigenschaften gesetzt. Das Hinzufügen der Ortschaften fiel den Schülern zum Teil schwer, da sie die Funktion des „Ortspunkt positionieren“ anfänglich vollständig übersahen. Nach kurzen Hilfsimpulsen benachbarter Gruppen und von Lehrerseite erschlossen sich die Schüler selbstständig weitere Funktionen der Software *StepMap*, die eine funktionelle Raumanalyse unterstützten.

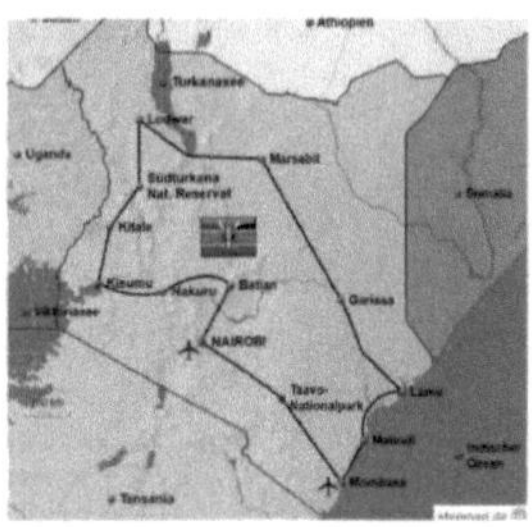

Abb. 5 erstellte Karte Kenia

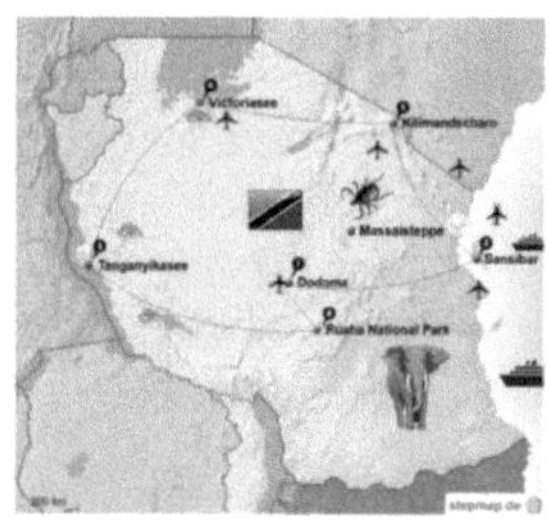

Abb.6 erstellte Karte Tansania

Das Beschriften der Ortspunkte, das Integrieren von Verbindungslinien, verschiedenen Symbolen und Icons bereitete den Gruppen viel Spaß, da sie hier ihre kreative Ader ausleben konnten. Diese Softwaremöglichkeiten waren für die Schüler leicht nachvollziehbar und konnte ohne Rückfragen umgesetzt werden. Von der Möglichkeit eigene Grafiken zu integrieren, machten die Gruppen keinen Gebrauch.
Was in der Stunde zum Tragen kam, war die, in der Lerngruppenanalyse angedeutete besser ausgeprägte Fähigkeit der Computernutzung durch die Jungen der Gruppen. Sie übernahmen schnell die Leitung der Arbeit aber ohne die anderen Gruppenmitglieder auszugrenzen. So konnte ich mehrfach beobachten wie die computerbegabten die anderen anwiesen und unterstützten. Hier sei bemerkt, dass es sich nicht um ein „Vormachen“ handelte, sondern eine unterstützende und erklärende Form einnahm.
Die Stunde war hinsichtlich des selbstständigen Arbeitens der Schüler ein voller Erfolg, da die Gruppen in Reinform selbstgeleitet die Stunde zur Erstellung ihrer Karte nutzten. Ich hatte viel Gelegenheit Schüleraktivitäten aus verschiedensten Perspektiven zu beobachten und zu beurteilen. Ebenso konnte ich differenziert auf einzelne Schüler zugehen und ihnen in gezielter Form Unterstützung anbieten. So konnte ich gewährleisten, dass alle Schüler in allen Gruppen die Möglichkeiten der Software *StepMap* durchdrungen haben. Sie sind sich über verschiedenste Darstellungsmöglichkeiten bewusst geworden und befähigt, selbstständig thematische Karten mit der Software zu

erstellen. Sie wissen darüber hinaus, welche Grundbestandteile eine thematische Karte haben sollte.

5.3 sechste Stunde der Reihe: *Tourismusbörse der Länder Afrikas, südlich der Sahara*

5.3.1 Fachlicher/ inhaltlicher Schwerpunkt

In der sechsten Stunde soll die Methode des Gallery Walk[36] (Deutsch: Museumsrundgang) in den Mittelpunkt rücken.
Diese Methode dient der Präsentation von Produkten; allerdings hier auch von Produkten aus Einzelarbeitsphasen, wie z.B. der *StepMap* Karte. Diese Produkte werden im Unterrichtsraum ausgestellt. Die Schüler gehen im Klassenzimmer herum und bewerten die Produkte anhand eines vorher erarbeiteten und zur Verfügung gestellten Beurteilungsbogens[37].
Es wird interessant sein, welche Gespräche sich zwischen Vorstellenden und Besuchern entwickeln werden, wie die Vorsteller in der Lage sein werden, auf die Fragen der Besucher einzugehen und wie die Besucher wiederum die Arbeitsergebnisse beurteilen werden. Ein weiterer wichtiger Punkt ist die Verwendung der Fachsprache und der Fachbegriffen des Geografieunterrichts.

5.3.2 Standardkonkretisierung für die Stunde

Aktueller Stand der Kompetenzentwicklung	**Konkretisierung der Standards für die geplante Stunde**
Stufe 6 der Raumanalysekompetenz, Darstellung der Arbeitsergebnisse: Die Schüler sind in der Lage Ergebnisse zu präsentieren. Die Methode des Gallery Walk ist bekannt. Die Schüler begründen ihre Ergebnisse und reflektieren ihren Arbeitsprozess in ausbaufähiger Form.	Die Schüler präsentieren ihre komplexen Analyseergebnisse an Hand ihrer Gruppenplakate und nehmen Stellung dazu. Sie erklären und begründen ihre Darstellungsform und gehen auf Rückfragen der Besucher ein. Sie binden die Fachsprache sachgerecht in ihre mündlichen Darlegungen ein. Die Vortragenden erläutern und bewerten geografische Phänomene ihres Landes im Ansatz vernetzt. Die Besucher der Stationen vergleichen und bewerten geografische Sachverhalte, erstellen ein Ranking der Länder und ziehen aus den Ergebnissen begründet Schlussfolgerungen. Im Gespräch zwischen Vorstellenden und Besuchern werden Wertvorstellungen fremder Lebenswelten multiperspektivisch diskutiert.

[36] Vgl. http://www.klett.de/web/uploads/pondus_datei/8_Kooperatives_Lernen_mit_GreenLine.730761.pdf
[37] Vgl. Abschnitt 9 S. 46. M 4.

5.3.3 Didaktisch- methodische Überlegung und Begründung der Lehr- und Lernstruktur

Die Stunde wurde so angelegt, dass eine hohe Schüleraktivierung stattfindet. Nach einer kurzen Einführung zur bekannten Methode und deren Regeln werden den Schülern die Stundenaufgaben mitgeteilt:

Aussteller:

Ihr befindet euch auf einer Tourismusausstellung für die Länder Afrikas. Als Aussteller bewerbt ihr euer Land mit Hilfe des Plakates. Ziel ist es, möglichst viele Touristen für euer Land zu begeistern. Versteckt aber nicht die Probleme des Landes, sondern zeigt auch eure Lösungsstrategien auf.

Besucher:

Erstellt ein Ranking der Länder nach der besten Präsentation und nach den besten Entwicklungschancen. Dein eigenes Land darfst du nicht beurteilen. Du darfst jedes Land in jeder Zeile nur einmal bewerten. Trage dann die Gesamtpunktzahlen in den entsprechenden Zeilen zusammen.

Der Vertreter(Aussteller) wird gruppenintern festgelegt und muss im Verlauf der Stunde mindesten einmal je Gruppe gewechselt werden. Damit wird sichergestellt, dass jeder Schüler Zugang zu allen Gruppenplakaten haben wird. Jeder Schüler bekommt einen Beurteilungsbogen und muss jede Station der anderen Länder besuchen und nach ausgewählten Aspekten beurteilen.
Aufgrund der kurzen Unterrichtszeit von 45 Minuten ist davon auszugehen, dass jeder Schüler zu jedem Zeitpunkt mit der Lösung seiner Aufgaben beschäftigt sein wird. damit es nicht zu einem Durcheinander mit einem extremen Lautstärkepegel kommt, wurden für diese Stunde zwei Räume für die Vorstellung der acht Arbeitsgruppen vorbereitet. Somit kann eine ruhige und doch konstruktive Arbeitsatmosphäre gewährleistet werden. Als wichtig bleibt noch zu benennen, dass es keine vorgegebene Reihenfolge der zu besuchenden Stationen gibt. Es ist der Wunsch, dass sich die Schüler frei in beiden Räumen bewegen können und so nach eigener Interessenlage bzw. nach Platzangebot an den einzelnen Stationen begeben können.

Indikatoren der erwarteten Kompetenzentwicklung

Prozessbezogene Indikatoren	Produktbezogene Indikatoren
Die Schüler präsentieren als Vertreter ihrer Gruppe ihr Gruppenplakat in einer Tourismusbörse. Sie erklären und begründen ihre Darstellungsform und setzen sich kritisch mit Rückfragen und Anmerkungen der Besucher ihrer Station auseinander. Die Schüler beurteilen als Besucher der Tou-	➢ Präsentation: siehe S. Abb. 7 und 8 ➢ Beurteilung: siehe Abschnitt 9. S. 46. M 4.

rismusbörse in Einzelarbeit die Gruppenplakate der ausgestellten Länder anhand eines Beurteilungsbogens[38] und diskutieren aufgezeigte Problem bzw. Lösungsansätze mit den Landesvertretern.	

5.3.4 Darstellung und Analyse der Stunde

Die Methode Gallery Walk ist hervorragend geeignet, Gruppenergebnisse zu präsentieren. Dieses Fazit lässt sich aus der dargestellten Stunde ziehen. Ich habe eine Klasse erlebt, die mit Begeisterung, viel Engagement und einer andauernd hohen Schüleraktivität an ihre Aufgaben gegangen ist und sehr sehenswerte Ergebnisse gebracht hat.
Aufgrund dessen, dass die Methode den Schülern bereits bekannt war, hielt sich die Hinführungsphase diesbezüglich in ganz klaren Grenzen. Es wurden nur nochmals grundsätzliche Verhaltensregeln für eine solch offene Arbeitsform thematisiert. Da die Räume die beiden vorherigen Stunden frei waren, konnte ich die Präsentationsflächen bereits vorbereiten. Ein weiteres Plus für den durchgeführten Gallery Walk war die Raumausstattung. In jedem der beiden Räume sind Beamer mit dem notwendigen Computeranschluss installiert. Dadurch war es möglich, in beiden Räumen die Stundenaufgaben[39] der Schüler die komplette Stunde in einer Schleife anzuzeigen. Die stete Gegenwart der Aufgaben half den Schülern, sich darauf zu fokussieren.

Abb. 7 Präsentation Ghana - im Hintergrund die Präsentationsaufgabe

Abb.8 Präsentation Namibia

Ich werte diese Stunde als klaren Erfolg, da die Schüler deutlich die stundenbezogenen konkretisierten Standards erfüllt haben. Sie haben ihre Ergebnisse der Gesamtreihe hochwertig dargestellt und präsentiert. Auf Rückfragen der Besucher oder auch von mir als Lehrperson wurde in der zugehörigen Fachsprache fach- und sachkompetent geantwortet und diskutiert.

---

[38] Vgl. Abschnitt 9 S. 46. M 4.
[39] Vgl. Abschnitt 5.3.3 S.32.

Die Besucher der einzelnen Stationen beurteilten, diskutierten und hinterfragten intensiv, die vorgestellten Plakate. Der vorbereitete Beurteilungsbogen erwies sich als sehr gut einsetzbar und wurde von den Schülern sofort angenommen. Sie beurteilten zwei wesentliche Gesichtspunkte der Vorstellungen – zum Einen den Gesamteindruck der Präsentation und zum Anderen den Aspekt der aufgezeigten Probleme und der möglichen Lösungsansetze der Selbigen. Die Besucher der Stationen verglichen viele der Länder intensiv untereinander, erstellten das Ranking der Länder und zogen aus den Ergebnissen begründet Schlussfolgerungen. Es war oft zu beobachten, dass Schüler zu den besonders gut gelungen Plakaten nach Abschluss ihres Gallery Walk zurückkehrten, wieder das Gespräch mit dem Gruppenrepräsentanten suchten, mehr Informationen erfragten und im Gespräch Unterschiede der fremden Lebenswelten und ihrer eigenen diskutierten.

Man konnte deutlich wahrnehmen, wie sich die meisten „Aussteller" mit ihrem Produkt identifizierten.

Im Nachhinein bleibt kritisch zu betrachten, dass es keine Reihenfolge der Stationen gab. Ich habe mich im Vorfeld dagegen entschieden, um einen möglichst authentischen Charakter einer Tourismusbörse zu bekommen. Sie Schüler sollten sich frei bewegen und das taten sie dann auch. Es kam zu einzelnen Staus an den Stationen. Besonders die optisch hochwertigen bildeten einen der ersten Anlaufpunkte der Schüler. Optisch weniger hochwertige Plakate waren zu Beginn verwaist. Dieser Aspekt wäre in einer nochmaligen Durchführung im Sinne der Steuerung zu Überdenken. Der Aspekt der Authentizität kam aber zur Geltung. In der Reflexion stellten die Schüler der Methode ein gutes Zeugnis aus. Sie empfanden diese Stunde als inhaltlich gehaltvoll und sie hat ihnen dennoch oder auch genau deswegen sehr viel Freude bereitet.

Die nummerischen Ergebnisse der Beurteilungsbögen und das daraus resultierende Ranking der Länder sollen im Einstieg der nächsten Stunde aufgegriffen werden.

Eine inhaltlich ähnliche geartete Stunde würde ich in der Zukunft methodische ebenfalls so aufbereiten, da sich diese Form als sehr lohnend für die Lernenden und den Lehrenden erwiesen hat.

6 Auswertung der Evaluationsbögen

„Als pädagogischer Fachbegriff meint Evaluation „das methodische Erfassen und das begründete Bewerten von Prozessen und Ergebnissen zum besseren Verstehen und Gestalten einer Praxis-Maßnahme im Bildungsbereich durch Wirkungskontrolle, Steuerung und Reflexion." Gegenstand von Evaluation können Prozesse und Ergebnisse aus dem Bereich der Mikrodidaktik sowie der Makrodidaktik sein. Des Weiteren können gesamte Programme evaluiert werden."[40]

[40] Vgl. http://de.wikipedia.org/wiki/Evaluation

Auf Grundlage dieser Definition habe ich einen gemischten Evaluationsbogen entworfen. Er wurde vor Beginn und als Ende der Unterrichtsreihe von den Schülern selbstständig ausgefüllt. Inhaltlich wurde er nicht verändert, so dass in jedem Fall vergleichbare Werte generiert werden konnten.

Der Schülerfragebogen wurde zur Selbstbewertung der Fach-, Sach- und Methodenkompetenz konzipiert. Er gab mir Auskunft darüber, inwieweit sich jeder einzelne Schüler wesentliche Teilaspekte der genannten Kompetenzen selbst zuschreibt. Daraus konnten dann differenzierte Rückschlüsse auf die, zu untersuchende fachimmanente Raumanalysekompetenz, gezogen werden.

In diesem Abschnitt sollen nun vier aussagekräftige Einzelaussagen der Evaluationsbögen auf ihre Berechtigung geprüft, ausgewertet und ggf. interpretiert werden.

Dazu stand neben jeder Kernaussage eine dreistufige Antwortskala. Hier sollten die Schüler durch ankreuzen des entsprechenden Kastens angeben, inwieweit diese auf ihre Unterrichtsleistungen zutrifft. Die Antwortskala gliedert sich auf in: trifft zu, trifft wenig zu, trifft gar nicht zu. Die einzelnen Zahlenwerte der aussagenbezogenen Antwortskala können dem Anhang M 3 entnommen werden.

<u>Aussage 1:</u> *An Informationen über die Länder Afrikas, südlich der Sahara, habe ich Interesse.*

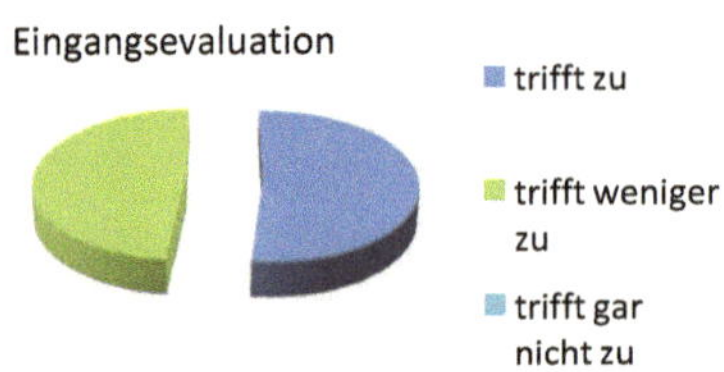

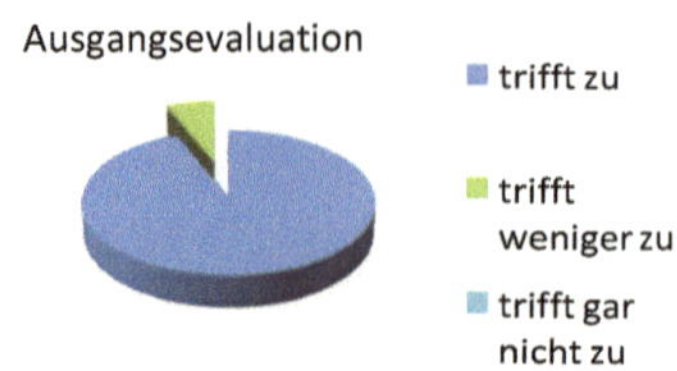

Diese oben genannte Aussage basiert auf einer empirischen Studie von Hemmer, I. und Hemmer, M. aus dem Jahr 1997[41]. Bei dieser Studie konnte festgestellt werden, dass das Interesse vom Nahen zum Fernen hin zunimmt, d.h. Außereuropa erschien interessanter als Deutschland. Aus der Auswertung der Studie geht hervor, dass speziell der Raum Afrika ein mittelmäßiges Interesse der Schüler weckt. Da die Studie schon recht betagt ist, fand ich es interessant, wie hoch das Interesse der Schüler am Kontinent Afrika im Jahre 2012 sein würde, da er als inhaltlicher Raum noch immer einen großen Abschnitt des Rahmenlehrplans der Sekundarstufe I einnimmt[42]. Ein ähnlich geartetes Ergebnis brachte auch die Auswertung der Eingangsevaluation. Aus ihr geht hervor, dass die Schüler zwar Interesse an den Ländern Afrikas mitbringen aber nahezu 50 Prozent mittleres Interesse gekennzeichnet haben. Erstaunt hat mich die hohe Anzahl der Schüler, die sich für trifft zu entschieden haben. Es könnte davon ausgegangen wer-

[41] Vgl. Hemmer/Hemmer in: Praxis Geografie 1997/1. S.40 f.

[42] Vgl. **Senatsverwaltung für Bildung, Jugend und Sport Berlin:** Rahmenlehrplan für die Sekundarstufe I Geografie. 2006. S.23 f.

den, dass das generelle Interesse am Kontinent Afrika im Vergleich zur Studie von Hemmer und Hemmer in den letzten 15 Jahren gestiegen ist. Nach Abschluss der Unterrichtsreihe hat sich das Bild der Interessenlage stark verändert. Durch eine Intensive Auseinandersetzung und Durchdringung der Thematik haben die Schüler ein hohes Interesse am Raum Afrika entwickelt. Inwieweit dieses nachhaltig oder temporär gelagert ist, kann dieser Befragung nicht entnommen werden.
Festzuhalten bleibt, dass durch die Konzeption der Reihe hinsichtlich der Förderung der Raumanalysekompetenz der Blick auf die Länder Afrikas gerichtet und das Interesse der Schüler geweckt wurde.
Auch die intensive Arbeit an der Entwicklung der Fähigkeiten und Fertigkeiten der Schüler, den Standards der Doppeljahrgangsstufe 8/9, trug seinen unterstützenden Teil dazu bei.

<u>Aussage 2:</u> *Ich kenne mich mit den Ländern Afrikas, südlich der Sahara, sehr gut aus.*

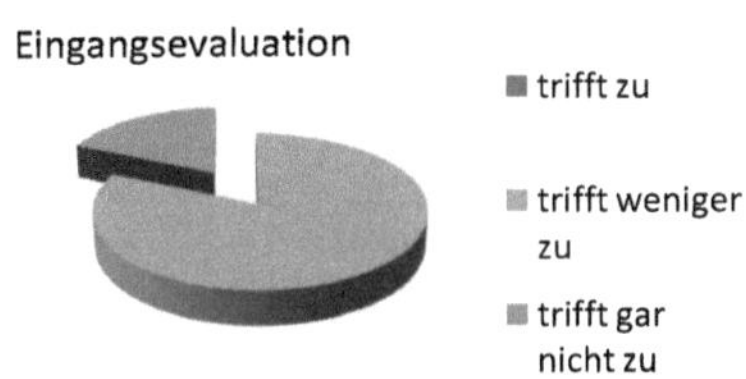

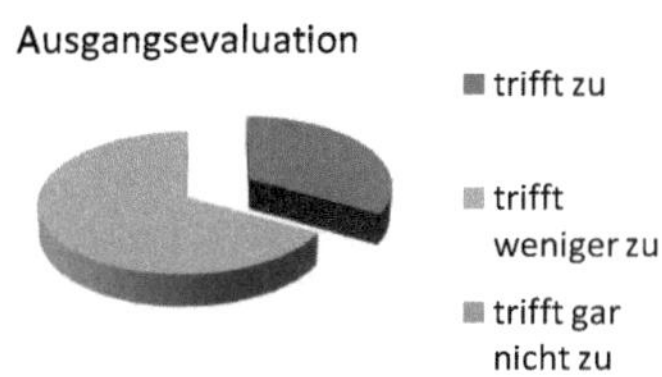

Diese Aussage möchte ich in der Auswertung der Evaluationsbögen aufgrund des Operators „auskennen“ näher betrachten. Er gibt Anlass zur Überprüfung der Aussage. Was beinhaltet „auskennen“, wie ist „auskennen“ messbar? Die Wahl des Operators ist an dieser Stelle nicht angemessen, da er eine sehr verschiedene Wahrnehmung und Auslegung durch die Schüler mitbringt und somit seine Aussagekraft in Frage gestellt werden kann. Eine bessere Formulierung der zu kategorisierenden Aussage wäre gewesen: „Ich kenne Länder die Afrikas, südlich der Sahara sehr gut und bin befähigt, deren Entwicklungsstand zu beurteilen“.
Die Auswertung der beiden Befragungen zu der verwendeten Aussage, zeigt einen individuell wahrgenommenen Zugewinn der Fach- und Sachkompetenz hinsichtlich der Länder Afrikas, südlich der Sahara. So gab es zur Eingangsevaluation sechs Schüler, die dieser Aussage gar nicht und keinen Schüler, der dieser Aussage voll zustimmen konnten. Dieses Verhältnis hat sich während der Durchführung der Reihe gedreht. Bei Abschluss stimmten nun 11 Schüler der Aussage zu. Es gab keinen Schüler mehr, der sich gar nicht mit dieser Aussage identifizieren konnte. Somit kann auch an dieser Stelle die Förderung von Kompetenzen, in diesem Fall der Fachkompetenz, attestiert werden.

Aussage 3: Mir ist klar, warum die Länder Afrikas, südlich der Sahara, als "ein Raum voller Herausforderungen" bezeichnet werden.

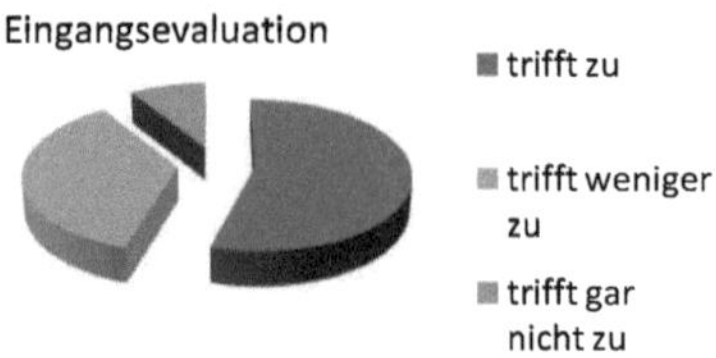

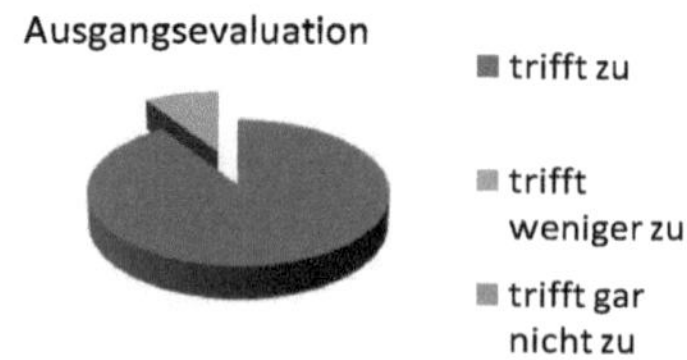

Das Themenfeld 5 des Rahmenlehrplans trägt den Titel: „Afrika, südlich der Sahara – ein Raum großer Herausforderungen ebenso, wie die vorliegende Unterrichtsreihe. Die Anlehnung ist mit Bedacht gewählt, um der Verpflichtung des Rahmenlehrplans Rechnung zu tragen. Die Reihe wurde mit ihren sieben Stunden so strukturiert, dass dieses Themenfeld vollständig in den acht Wochen erschlossen werden soll.

Mit Hilfe der durchgeführten Raumanalyse sollen die Schüler auf verschiedene Problemfelder der exemplarischen Länder aufmerksam gemacht werden. Diese sind im Regelfall sozialer, wirtschaftlicher und politischer Natur. In ihnen liegen die oben genannten Herausforderungen der Länder, da sie oft die entwicklungshemmenden Faktoren des Landes sind und somit die Unterentwicklung bedingen.

Waren die Schüler eingangs der Reihe zu 45 Prozent wenig oder gar nicht in der Lage dieser Aussage beizupflichten, so änderte sich die Zustimmung zu dieser Aussage im Verlauf der Reihe gravierend. 91 Prozent der Schüler entschieden sich in der Ausgangsevaluation für „trifft zu“. Das ist ein garvierender Zugewinn. Somit hat die Reihe in ihrer Anlage zur Förderung der Raumanalysekompetenz ihre unumstößliche Berechtigung.

Aussage 9: Ich kenne mich mit der Erstellung von Onlinekarten aus.

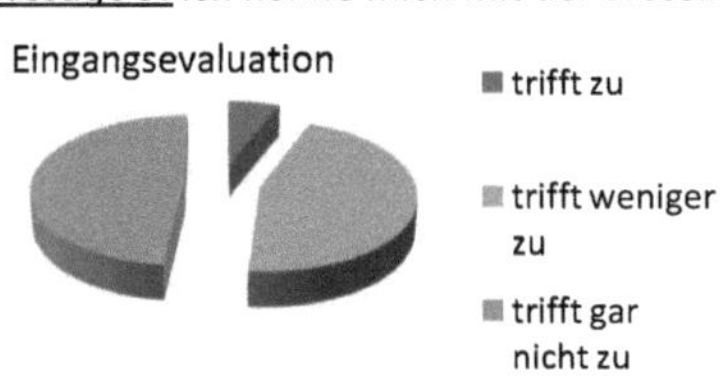

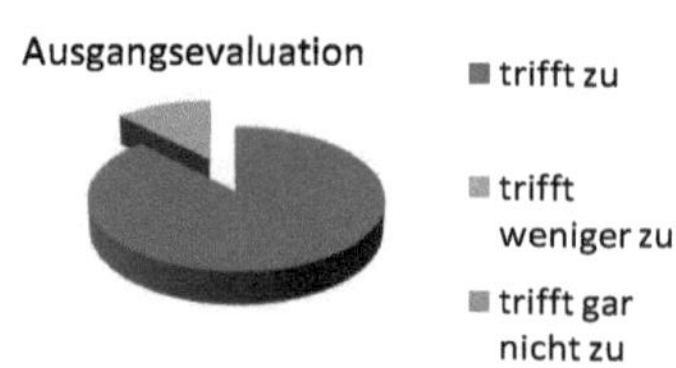

Die Auswahl der letzten zu untersuchenden Aussage begründet sich auf dem methodischen Schwerpunkt der Reihe. Es war zu untersuchen inwieweit der Einsatz der online Software *StepMap* der Förderung der Raumanalysekompetenz dienlich ist. Hierfür ist die Fähigkeit zum Umgang mit der entsprechenden Kartenerstellungssoftware Voraussetzung. Der Anbieter *StepMap* wurde von mir wegen der Einfachheit der Bedienung[43]

[43] Vgl. Abschnitt 3.1 – 3.2.2

gewählt. Die Schüler konnten nach einer Einführung schnell und selbstständig mit ihr arbeiten.
Zum Beginn der Reihe kannten sich nach eigenen Angaben nur 6 Prozent damit aus, eine Karte mit Hilfe einer online Software zu erstellen. Zum Abschluss konnte dieser Wert auf 100 Prozent der Lerngruppe gesteigert werden, wenn auch 12 Prozent angaben, dass sie sich „weniger gut" damit auskennen. Wesentlich ist aber, dass die Schüler befähigt wurden, eine sachlich richtige Karte auf Grund ihrer eigenen Daten zu generieren. Die Nutzung der Software zur Erstellung mit dem Produkt thematische Karte war nach Schülermeinungen eine sinnvolle Ergänzung zur Herstellung des Endproduktes, dem landesbezogenen Plakat. Da ich die Zugänge zur Software noch eine Weile nach Beendigung der Reihe für die Schüler offen ließ, konnte ich verfolgen, wie sich einige Schüler der Lerngruppe auch nach Ende der Reihe privat weiter an dieser Software ausprobierten.

7 Gesamtreflexion und Fazit

Nach Abschluss der Reihe bleibt zuerst festzuhalten, dass die erstellten Plakate[44], mit den eingebundenen Karten der online Software *StepMap,* erkennen lassen, dass die Schüler erfolgreich raumanalytische Schritte unternommen haben. Sie haben in Vielzahl zu repräsentativen Darstellungen, bezogen auf die Arbeitsaufgabe der Reihe, geführt. In der Folge soll nun mehrschichtig die durchgeführte Unterrichtsreihe reflektiert werden.

Zur aufgewendeten Gesamtstundenzahl bleibt im Nachhinein kritisch das Stundenvolumen für das Fach Geografie einer achten Klasse zu betrachten. Wie aus der Synopse der Gesamtplanung hervorgeht, bestand die durchgeführte Reihe aus sieben Einzelstunden zu je 45 Minuten. Mit vorkommenden Sonderveranstaltungen der Schüler, des Lehrers oder auch unplanmäßigen Ausfällen der Einzelstunde ist eine Reihe von sieben Stunden schon sehr schwer durchführbar. Es lassen sich wenig geeignete Zeitfenster im Schuljahresplan erschließen. Von meiner Seite her wäre hier ein epochaler Unterricht und somit eine Erhöhung auf zwei Wochenstunden als wesentlich gewinnbringender einzustufen. Problematisch erschien außerdem der lange Zeitraum zwischen den einzelnen Lehreinheiten. Deshalb wurden zur Vorentlastung und zur Beendigung wesentlicher Arbeitsphasen in regelmäßigem Abstand Hausaufgaben aufgegeben. Damit setzten sich die Schüler auch außerhalb des Unterrichtes mit der Arbeitsaufgabe auseinander. Positiv sei an dieser Stelle vermerkt, dass es sich um eine verlässliche Lerngruppe handelte. Ich denke bei anders gelagerten Lerngruppen wäre diese Form der Vorentlastung erheblich schwerer umsetzbar. Die vorentlastenden Hausaufgaben führten außerdem dazu, dass den Schülern der Stand der Reihe zur nächsten

[44] Vgl. Abschnitt 9. S. 45. M 3.

Stunde jederzeit bewusst war. Ansonsten würde ich die Reihe selbst als gut und strukturiert einordnen, da der angestrebte Kompetenzzuwachs planungsbedingt kumulativ verlief.

Die Untersuchung der Auswirkung eines Einsatzes der Software *StepMap* zur Förderung der Raumanalysekompetenz stellte einen Schwerpunkt der Unterrichtsreihe dar. In Punkt 1.2 wurde die Leitfrage formuliert:

Werden die Schüler befähigt, räumliche Strukturen und komplexe Wirkungsgefüge zu erfassen, zu strukturieren und mit der Hilfe einer online Software StepMap verbal, grafisch und bildhaft darzustellen?

Die Beantwortung der Leitfrage muss an dieser Stelle positiv ausfallen. Die Schüler weisen nach Abschluss der Reihe klar die geforderten Fähigkeiten der Leitfragenformulierung nach. Diese finden natürlich auf unterschiedlichen Niveaustufen statt. Dennoch sind alle Schüler über einen intensiven Einsatz von heterogener Gruppenarbeit in der Lage räumliche Strukturen und Wirkungsgefüge zu erfassen, zu strukturieren und darzustellen. Die online Software *StepMap* bietet sich zur grafischen und bildhaften Aufbereitung der gesammelten Daten als gelungenes Werkzeug an, da sie für jeden kostenfrei zugänglich, alltagstauglich und benutzerfreundlich ist. Voraussetzung bildet jedoch wie oben genannt, eine intensive Vorarbeit zur Informationsbeschaffung und Strukturierung selbiger. *StepMap* selbst ist wenig in der Lage, raumanalytische Daten zu liefern. Einzig die Verortungsfunktion wirkt in dieser Hinsicht unterstützend.
Im Gesamtprozess der Unterrichtsreihe ist die Förderung der Raumanalysekompetenz klar erkennbar.
Die Ausführungen führen automatisch zur Beantwortung der zweiten Leitfrage:

Fördert die Darstellungsform eines Plakates mit eingebundener Übersichtskarte, erstellt über StepMap, die Raumanalyse- und Raumerschließungskompetenz der Schüler?

Ja. Die Beobachtung der Gruppenarbeitsphasen lassen den Schluss zu, dass die einzelnen Arbeitsgruppen auf dem Weg zum Endprodukt Plakat mit eingebundener Übersichtskarte, erstellt über *StepMap*, eine Raumanalyse durchgeführt haben. Es wurde gemäß der Stufen einer Raumanalyse[45] vorgegangen. Informationen über verschiedene Geofaktoren des zu betrachtenden Landes wurden gesammelt und systematisiert. Mit *StepMap* wurden charakteristische Orte, bezogen auf das angelegte Ordnungssystem, in eine Karte integriert und letztendlich in ein Plakat eingefügt. Das Endprodukt-Plakat wurde so aufbereitet, dass es für Präsentationszwecke eine hohe Aussagekraft besitzt. Das Plakat, mit seinen Informationen an sich, wurde mit der Karte so verknüpft, dass es seine Präsentationsfähigkeit selbst, auch ohne präsentierenden Schü-

[45] Vgl. Abschnitt 3.2.3 S.10ff.

ler, behält. Plakate haben ferner die Funktion, zum Betrachten und zum Lesen aufzufordern.

Es ist erstaunlich wie tiefgründig und analytisch sich einige Gruppen, z.B. die Arbeitsgruppen Kenia[46] und Namibia[47], mit ihrem gewählten Land auseinandergesetzt und eine wirklich gute Raumanalyse durchgeführt haben. Die, in den Plakaten dargestellten Elemente, wie z.B. Texte, Bilder, Diagramme, Farben und die Übersichtskarte verdeutlichen die gruppenspezifische intensive Durchdringung der Arbeitsaufgabe. Besonders der Keniagruppe ist es gelungen, Problemfelder des Landes zu eröffnen, mit exemplarischen Orten zu verknüpfen und Lösungsansätze zu entwickeln. Das Plakat erhält über seine drei verschiedenen Grafikelemente, Bilder, Karte und Diagramm einen hohen optischen Anschauungswert. Die verwendeten Texte wurden von der Gruppe auf das Wesentliche beschränkt. Sie formulierten kurze, präzise und vor allem verständliche Aussagen. Die Lesbarkeit der Information war angemessen. Grundlegend war zu erkennen, dass das Plakat deutlich gegliedert ist, was durch die Hervorhebung einzelner Elemente erreicht wurde.

<u>Gesamtfazit:</u>

Die Anlage der Unterrichtsreihe war nach der intensiven Planung absolut tragfähig. Die geforderte Förderung der Raumanalysekompetenz hat nach Auswertung der Reihe stattgefunden. *StepMap* bietet ein gutes Werkzeug, um eine Raumanalyse in der Phase der Synthese der Arbeitsergebnisse und deren Darstellung zu unterstützen. Die Vorbereitung zur Nutzung der online Software hat sich aber als aufwendig erwiesen. So mussten erst einzelne email Accounts angelegt werden, um die Softwarezugänge für die einzelnen Gruppen frei zu schalten.
Nur mit der Software *StepMap* wäre keine Raumanalyse im eigentlichen Sinne möglich, da dem Programm wenig relevante Daten für eine entsprechende Analyse entnommen werden können.
Ich habe die Arbeit der Schüler als sehr intensiv und selbstständig wahrgenommen und bin über die Resultate positiv überrascht, auch wenn an der einen oder anderen Stelle sicherlich noch Entwicklungspotentiale zu erkennen sind.

[46] Vgl. Abschnitt 9. S. 45. M 3.

8 Literatur & Quellen

Printmedien

- **Diercke Geografie.** Westermann Verlag. Braunschweig 2007.
- **Fundamente.** Geografie Oberstufe. Ernst Klett Verlag. Stuttgart 2008.
- **G. Hake:** Kartographie 8. Auflage de Gruyter 2002.
- **Hemmer/Hemmer** in: Praxis Geografie 1997/1.
- **Mattes, W.:** Methoden für den Unterricht. Schöningh Verlag. Braunschweig 2004.
- **Senatsverwaltung für Bildung, Jugend und Sport Berlin:** Rahmenlehrplan für die Sekundarstufe I Geografie. 2006.
- **Senatsverwaltung für Bildung, Jugend und Sport Berlin:** Rahmenlehrplan für die Gymnasiale Oberstufe Geografie. 2006.
- **Schleicher, Y.:** Nutzen Schüler geographische Websites? Eine empirische Studie. Selbstverlag des Hochschulbandes für Geographie und ihre Didaktik e.V. (HGD) 2002.
- **Terra Deutschland.** Themenband Demographische und städtische Strukturen. Ernst Klett Verlag 2008.
- **Haak Weltatlas,** Ernst Klett Verlag. Stuttgart 2007.

Internetquellen

- http://www.diercke.de/bilder/omeda/1_2_2011_Web.pdf
- http://susanne-bruells.heimat.eu/Wagenschein/Genetisches-Lehren-Prinzipien.pdf
- http://www.klett.de/web/uploads/pondus_datei/8_Kooperatives_Lernen_mit_GreenLine.730761.pdf
- http://de.wikipedia.org/wiki/Evaluation
- www.stepmap.de
- www.http://www.elefant-tours.de/laenderinformationen.htm#
- www.schulelaupen.ch/Imperialismus/bild12.jpg&imgrefurl
- www.focus.de/finanzen/news/entwicklungshilfe-milliarden-aus-mitleid_aid_260356.html

9 Anhang

M 1

Eingangsevaluation zur Unterrichtsreihe:

„Afrika südlich der Sahara – ein Raum großer Herausforderungen"

Name: Klasse: 8b

1. An Informationen über die Länder Afrikas, südlich der Sahara, habe ich Interesse.

trifft zu ☐ trifft weniger zu ☐ trifft gar nicht zu ☐

2. Ich kenne mich mit den Ländern Afrikas, südlich der Sahara, sehr gut aus.

trifft zu ☐ trifft weniger zu ☐ trifft gar nicht zu ☐

3. Mir ist klar, warum die Länder Afrikas, südlich der Sahara, als „ein Raum voller Herausforderungen" bezeichnet werden.

trifft zu ☐ trifft weniger zu ☐ trifft gar nicht zu ☐

4. Über interessante Länder informiere ich mich mit Hilfe von:

Internet ☐ Reiseführern ☐ Atlas ☐ Bücher ☐ anderes ☐

5. Ich bin in der Lage, wichtige Informationen über ein Land zu finden.

trifft zu ☐ trifft weniger zu ☐ trifft gar nicht zu ☐

6. Ich bin in der Lage, topografische Sachverhalte in eigenen Kartenskizzen darzustellen.

trifft zu ☐ trifft weniger zu ☐ trifft gar nicht zu ☐

7. Ich bin in der Lage, wichtige Informationen über ein Land zu präsentieren.

trifft zu ☐ trifft weniger zu ☐ trifft gar nicht zu ☐

8. Ich nutze im Geografieunterricht Fachsprache/Fachbegriffe.

trifft zu ☐ trifft weniger zu ☐ trifft gar nicht zu ☐

9. Ich kenne mich mit der Erstellung von Onlinekarten aus.

trifft zu ☐ trifft weniger zu ☐ trifft gar nicht zu ☐

10. Die gemeinsame Arbeit in einer Gruppe an einem gemeinsamen Produkt finde ich:

Sehr gut ☐ gut ☐ nicht gut ☐ weiß nicht ☐

M 2

Auswertung der Evaluationsbögen

33 Schüler

E= Eingangsevaluation A= Ausgangsevaluation

1. An Informationen über die Länder Afrikas, südlich der Sahara, habe ich Interesse.

	trifft zu	trifft weniger zu	trifft gar nicht zu
E	17	16	0
A	31	2	0

2. Ich kenne mich mit den Ländern Afrikas, südlich der Sahara, sehr gut aus.

	trifft zu	trifft weniger zu	trifft gar nicht zu
E	0	27	6
A	11	22	0

3. Mir ist klar, warum die Länder Afrikas, südlich der Sahara, als "ein Raum voller Herausforderungen bezeichnet werden.

	trifft zu	trifft weniger zu	trifft gar nicht zu
E	18	12	3
A	30	3	0

4. Über interessante Länder informiere ich mich mit Hilfe von:

	Internet	Reiseführer	Atlas	Bücher	anderes
E	30	3	22	11	8
A	32	7	18	11	9

5. Ich bin in der Lage, wichtige Informationen über ein Land selbstständig zu finden.

	trifft zu	trifft weniger zu	trifft gar nicht zu
E	32	1	0
A	32	0	0

6. Ich bin in der Lage topografische Sachverhalte in eigenen Kartenskizzen darzustellen.

	trifft zu	trifft weniger zu	trifft gar nicht zu
E	15	16	2
A	16	17	0

7. Ich bin in der Lage, wichtige Informationen über ein Land zu präsentieren.

		trifft weniger zu	trifft gar nicht zu
E	29	4	0
A	29	4	0

8. Ich nutze im Geografieunterricht die Fachsprache.

	trifft zu	trifft weniger zu	trifft gar nicht zu
E	4	29	0
A	8	24	0

9. Ich kenne mich mit der Erstellung von Onlinekarten aus.

	trifft zu	trifft weniger zu	trifft gar nicht zu
E	2	15	16
A	29	4	0

10. Die gemeinsame Arbeit in der Gruppe an einem gemeinsamen Produkt finde ich:

	Sehr gut	Gut	Nicht gut	Weiß nicht
E	19	12	1	1
A	22	8	3	0

M 3

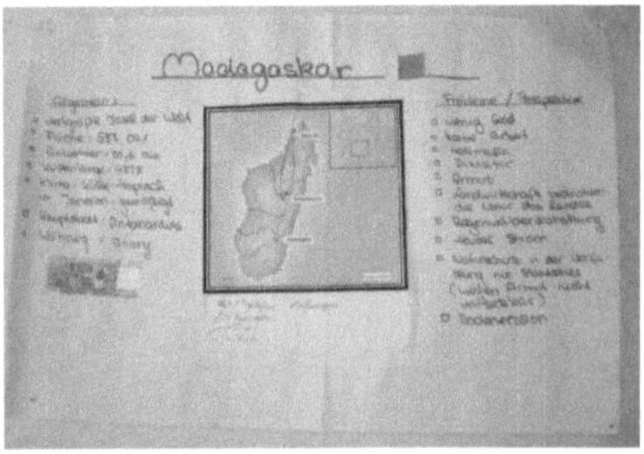
Madagaskar

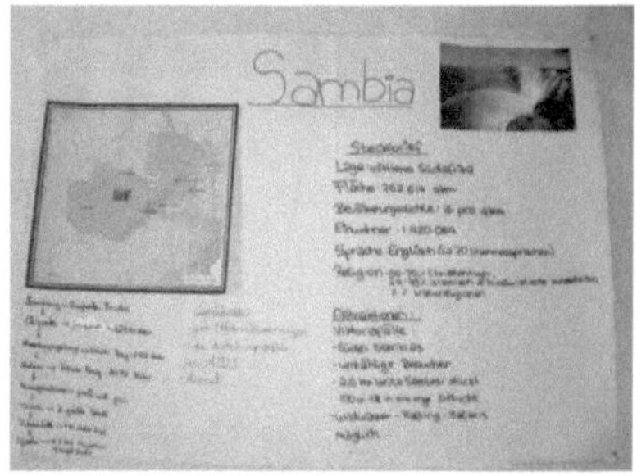
Sambia

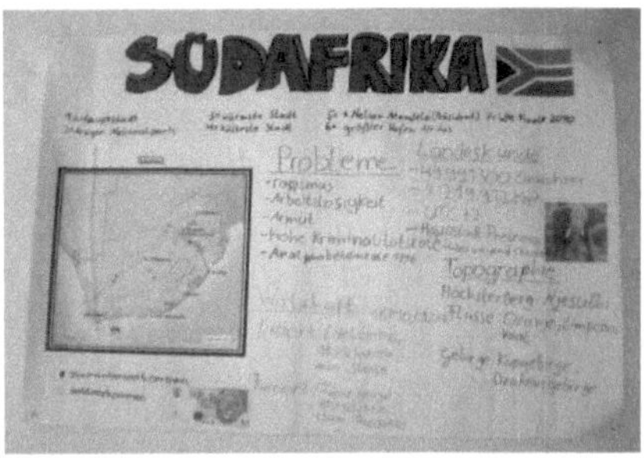
SÜDAFRIKA
Probleme
Landeskunde
Topographie

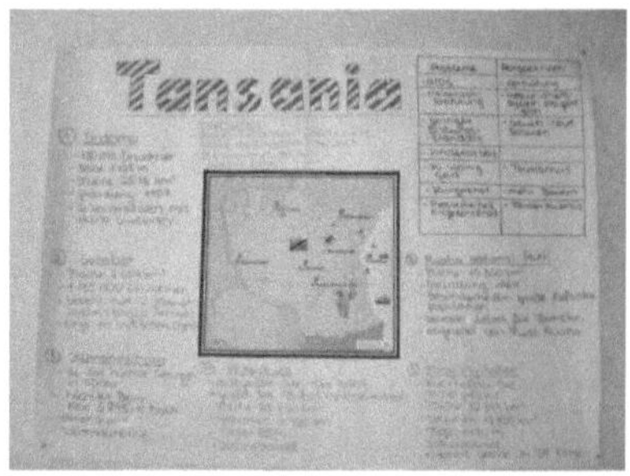
Tansania

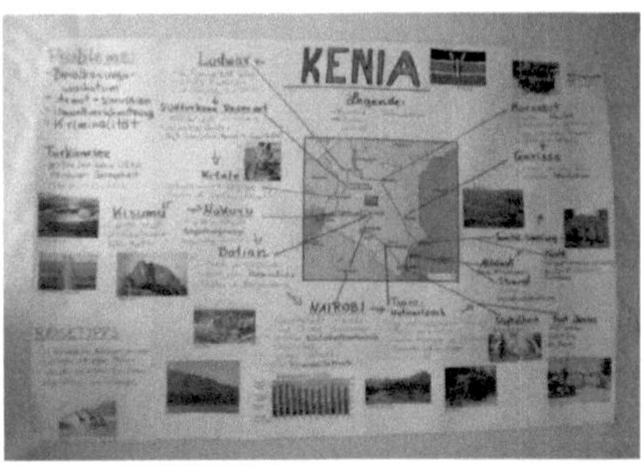
KENIA
NAIROBI

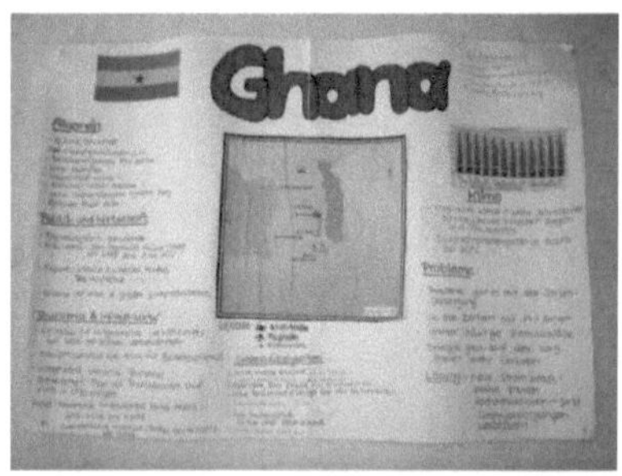
Ghana

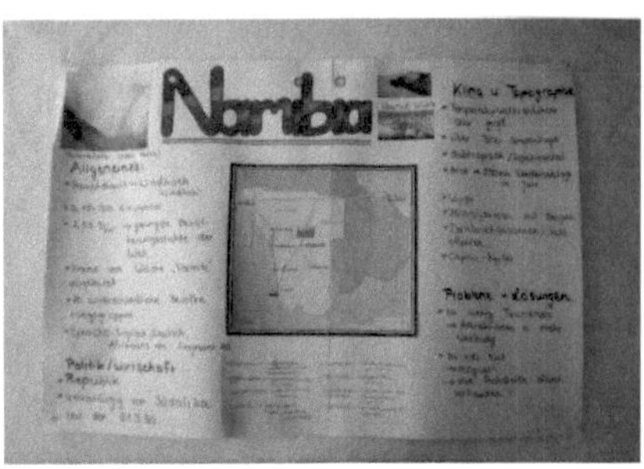
Namibia

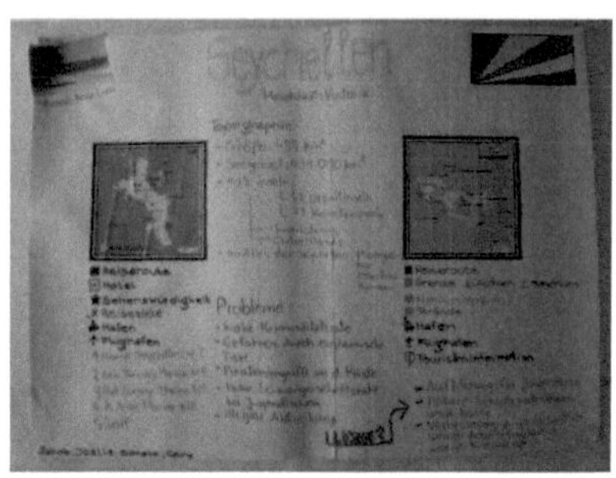
Seychellen
Probleme

M 4

Name: ......kati.......... 11.06.2012

Aufgabe: Erstellen ein Ranking der Länder nach der besten Präsentation und nach den besten Entwicklungschancen. Dein eigenes Land darfst du nicht beurteilen. Du darfst jedes Land in jeder Zeile nur ein Mal bewerten. Trage dann die Gesamtpunktzahl in den entsprechenden Zeilen zusammen.

Land: Sambia	0P	1P	2P	5P	8P
Sauberkeit der Darstellungen				X	
Anschaulichkeit / Verständlichkeit der Darstellungen			X		
Auftreten des Vortragenden					X
Verständlichkeit der Sprache				X	
Gesamt Präsentation	20P				
Erarbeitung von Problemen					X
Vorstellen von Perspektiven				X	
Beantwortung von Verständnis-/Nachfragen					X
Gesamt Probleme /Perspektiven	21P				

Land: Madagaskar	0P	1P	2P	5P	8P
Sauberkeit der Darstellungen				X	
Anschaulichkeit / Verständlichkeit der Darstellungen				X	
Auftreten des Vortragenden			X		
Verständlichkeit der Sprache		X			
Gesamt Präsentation	13P				
Erarbeitung von Problemen				X	
Vorstellen von Perspektiven				X	
Beantwortung von Verständnis-/Nachfragen	X				
Gesamt Probleme /Perspektiven	10P				

Land: Kenia	0P	1P	2P	5P	8P
Sauberkeit der Darstellungen					X
Anschaulichkeit / Verständlichkeit der Darstellungen					X
Auftreten des Vortragenden				X	
Verständlichkeit der Sprache					X
Gesamt Präsentation	29P				
Erarbeitung von Problemen				X	
Vorstellen von Perspektiven					X
Beantwortung von Verständnis-/Nachfragen					X
Gesamt Probleme /Perspektiven	21P				

Land: Südafrika	0P	1P	2P	5P	8P
Sauberkeit der Darstellungen		X			
Anschaulichkeit / Verständlichkeit der Darstellungen				X	
Auftreten des Vortragenden			X		
Verständlichkeit der Sprache				X	
Gesamt Präsentation	13P				
Erarbeitung von Problemen					X
Vorstellen von Perspektiven					X
Beantwortung von Verständnis-/Nachfragen					X
Gesamt Probleme/Perspektiven	24P				

Studienreferendar 6. SPS Steglitz- Zehlendorf